Ce livre apparti à

O.D. 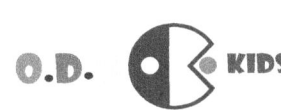 KIDS

- Copyright 2020/2021 ©™ -
Copyright de ce site et de son contenu pour l'impression.
Tous droits réservés. La redistribution ou la reproduction d'une
partie ou de la totalité du contenu sous quelque forme que ce soit est interdite.

LIVRE D'APPRENTISSAGE DES MATHÉMATIQUES POUR LES ENFANTS GS CP CE1

- Copyright 2020/2021 ©™ -
Copyright de ce site et de son contenu pour l'impression.
Tous droits réservés. La redistribution ou la reproduction d'une
partie ou de la totalité du contenu sous quelque forme que ce soit est interdite.

A Guide for Parents

Bienvenue, parents ! L'un des cadeaux les plus importants que nous pouvons offrir à nos enfants est de les aider à apprendre à lire et à écrire afin qu'ils puissent réussir à l'école et au-delà. Les lecteurs confiants et actifs peuvent utiliser leurs compétences en lecture pour suivre leurs passions et leur curiosité du monde. Nous lisons tous dans le but de nous divertir, de faire un voyage de l'imagination, de nous connecter aux autres, de comprendre comment faire quelque chose, et d'apprendre l'histoire, les sciences, les arts et tout le reste. L'apprentissage de la lecture est complexe. Les enfants n'acquièrent pas une compétence reliée à la lecture et passent ensuite à la suivante, étape par étape. Au lieu de cela, ils apprennent à faire beaucoup de choses en même temps : décoder, lire avec aisance, absorber un nouveau vocabulaire, comprendre ce que le texte dit, et découvrir que la lecture est agréable et construit la connaissance du monde. Nous espérons que ce guide vous permettra de mieux comprendre ce qu'il faut pour apprendre à lire (et à écrire) et comment vous pouvez aider vos enfants à grandir en tant que lecteurs, écrivains et apprenants!

INDICE

5-14 : Tracer le numéro

15-19 : Compter les objets

20-25 : Compter par 2

26-30 : Identification des nombres pairs / impairs 1-20

31-34 : Tableau des nombres de (à moitié plein)

35-40 : Nombres comme mots

41-45 : Comptage des objets

46-49 : Pratique de comptage - avant / après

50-55 : Identifier les dizaines et les uns

56-61 : Combiner des dizaines et des uns

62-90 : correction

Tracer le numéro 1 (un)
Feuille de travail - Nombres et dénombrement des enfants de la maternelle

Exercez-vous à tracer et à imprimer le chiffre 1 (un) :

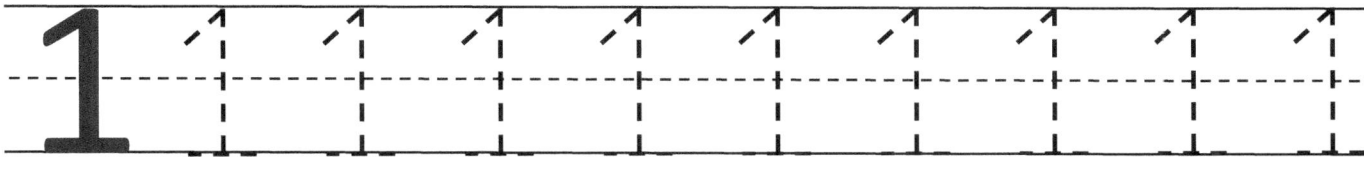

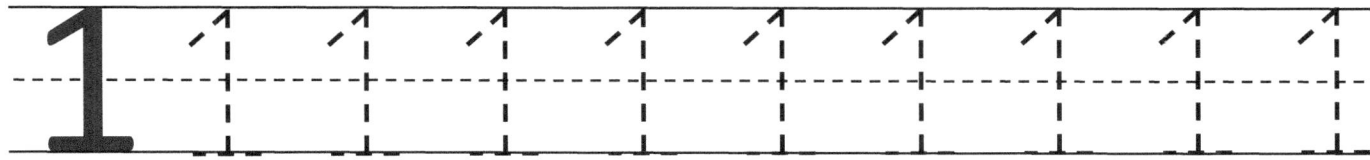

Compter la carte:

Encerclez le chiffre

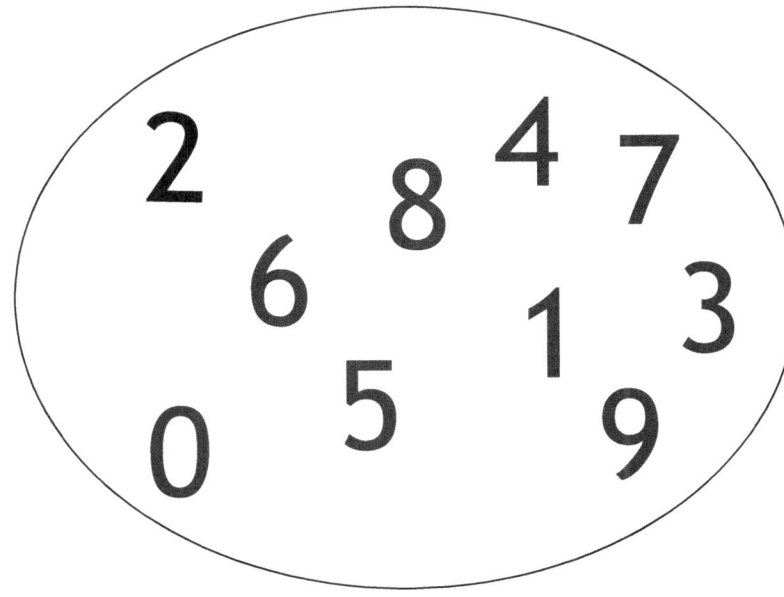

Tracer le numéro 2 (un)

Feuille de travail - Nombres et dénombrement des enfants de la maternelle

Exercez-vous à tracer et à imprimer le chiffre (deux) :

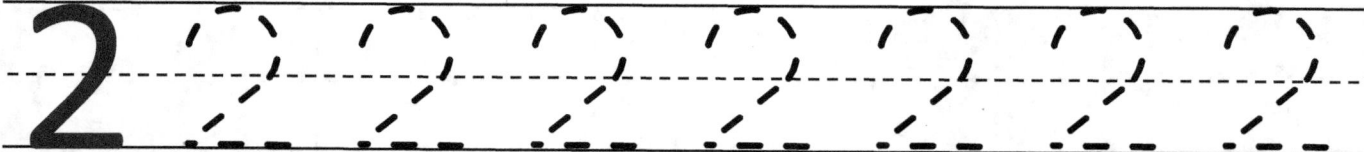

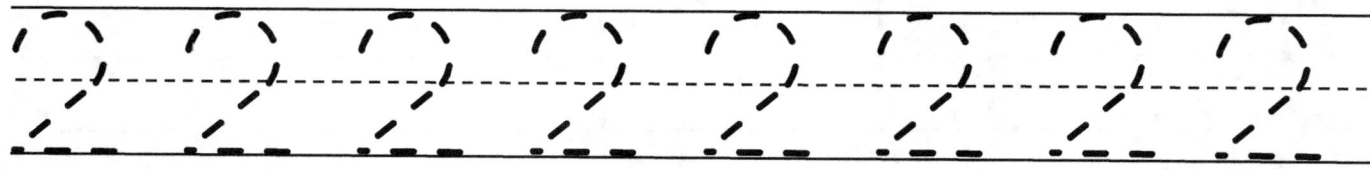

Compter la Gommes :   Encerclez le chiffre 2

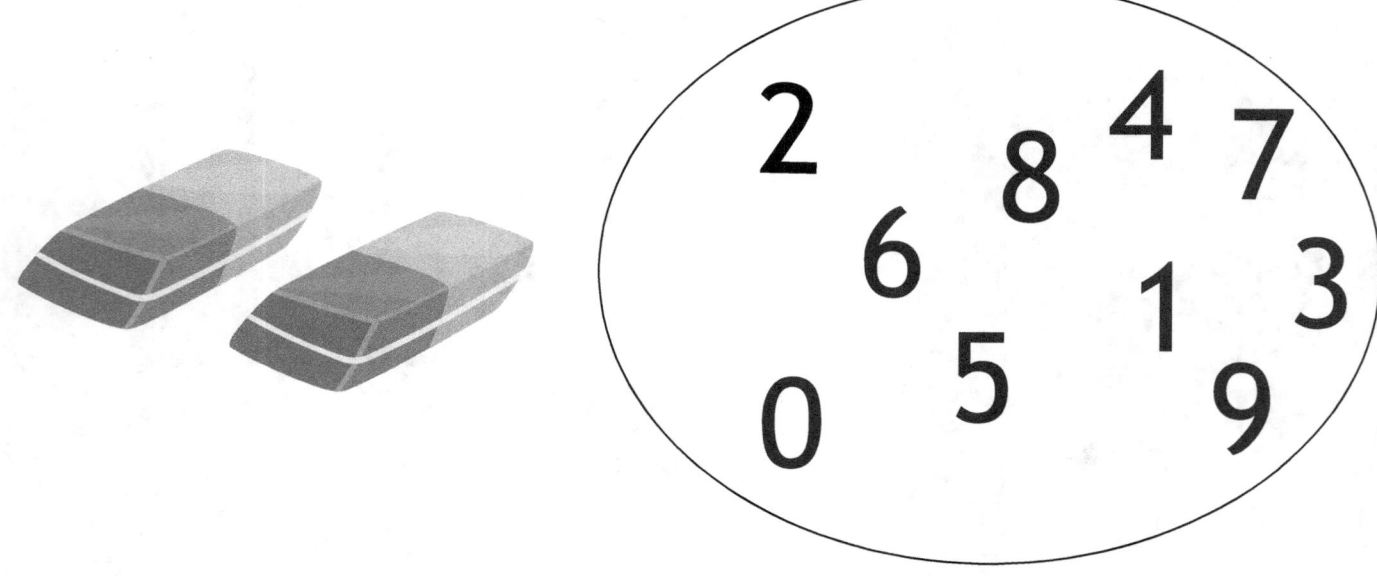

Tracer le numéro 3 (trios)
Feuille de travail - Nombres et dénombrement des enfants de la maternelle

Exercez-vous à tracer et à imprimer le chiffre (trois) :

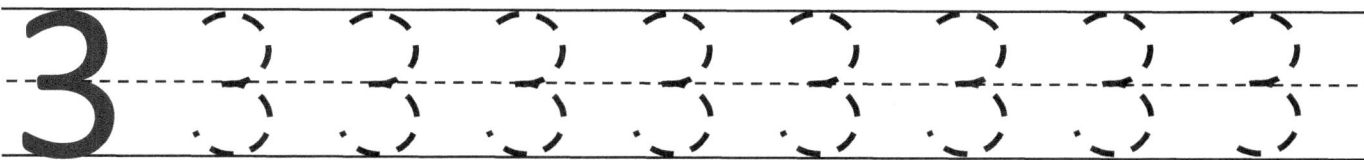

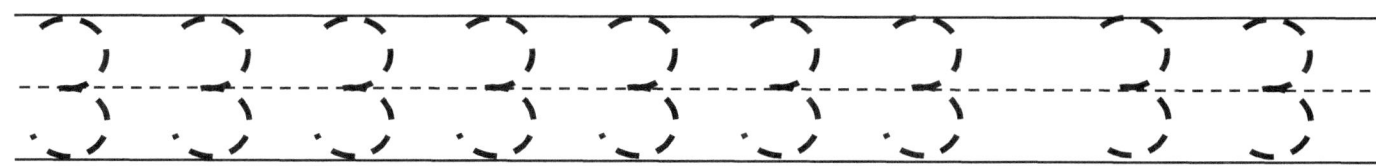

Compter les ballons :

Encerclez le nombre 3

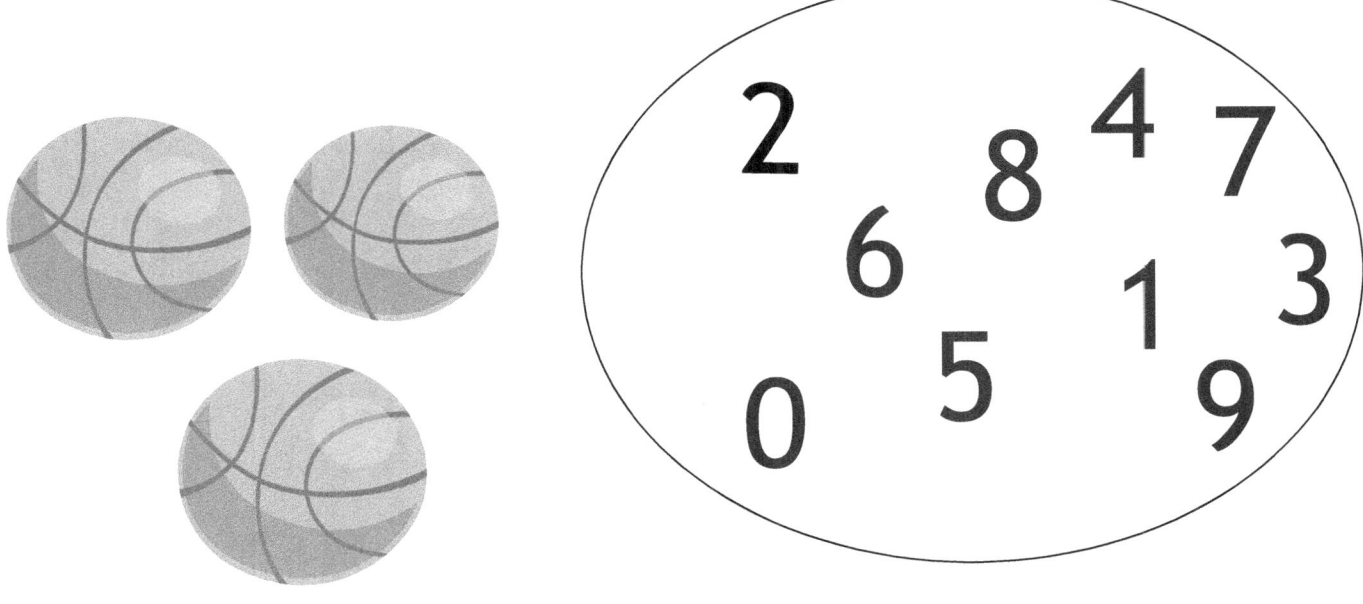

Tracer le numéro 4 (quatre)

Feuille de travail - Nombres et dénombrement des enfants de la maternelle

Exercez-vous à tracer et à imprimer le chiffre (quatre) :

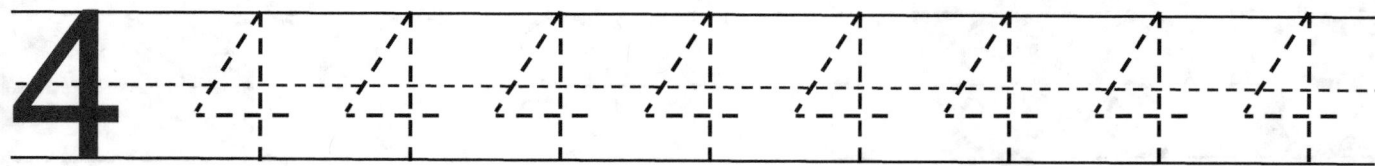

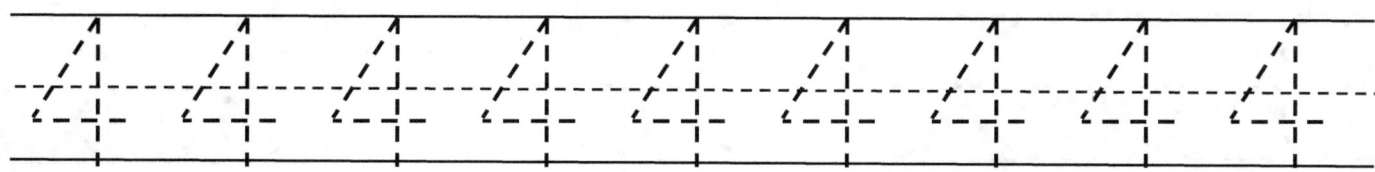

Compter la règle :

Encerclez le chiffre 4 :

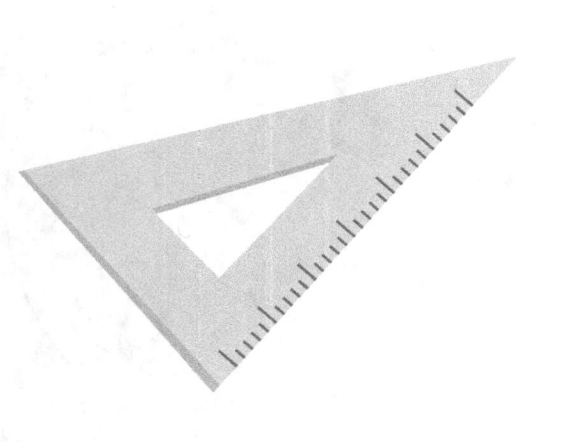

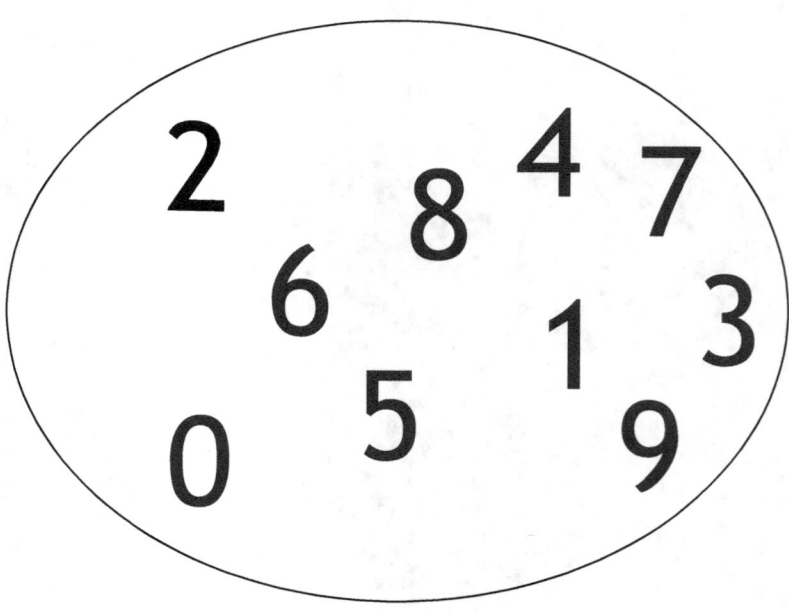

Tracer le numéro 5 (cinq)

Feuille de travail - Nombres et dénombrement des enfants de la maternelle

Exercez-vous à tracer et à imprimer le chiffre (cinq) :

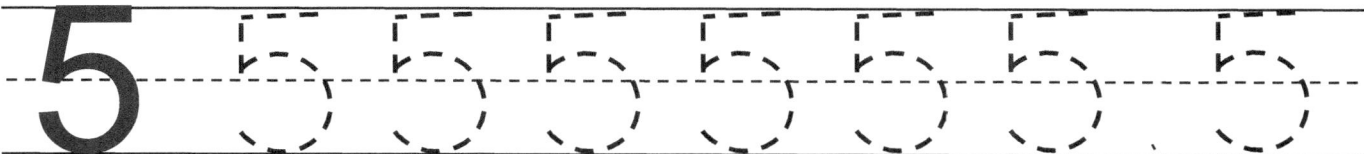

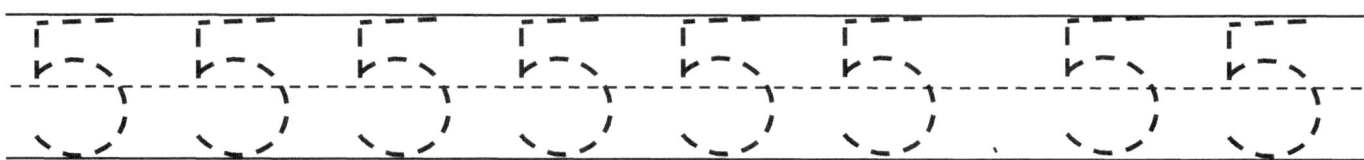

Compter le cartable :   Encerclez le chiffre 5 :

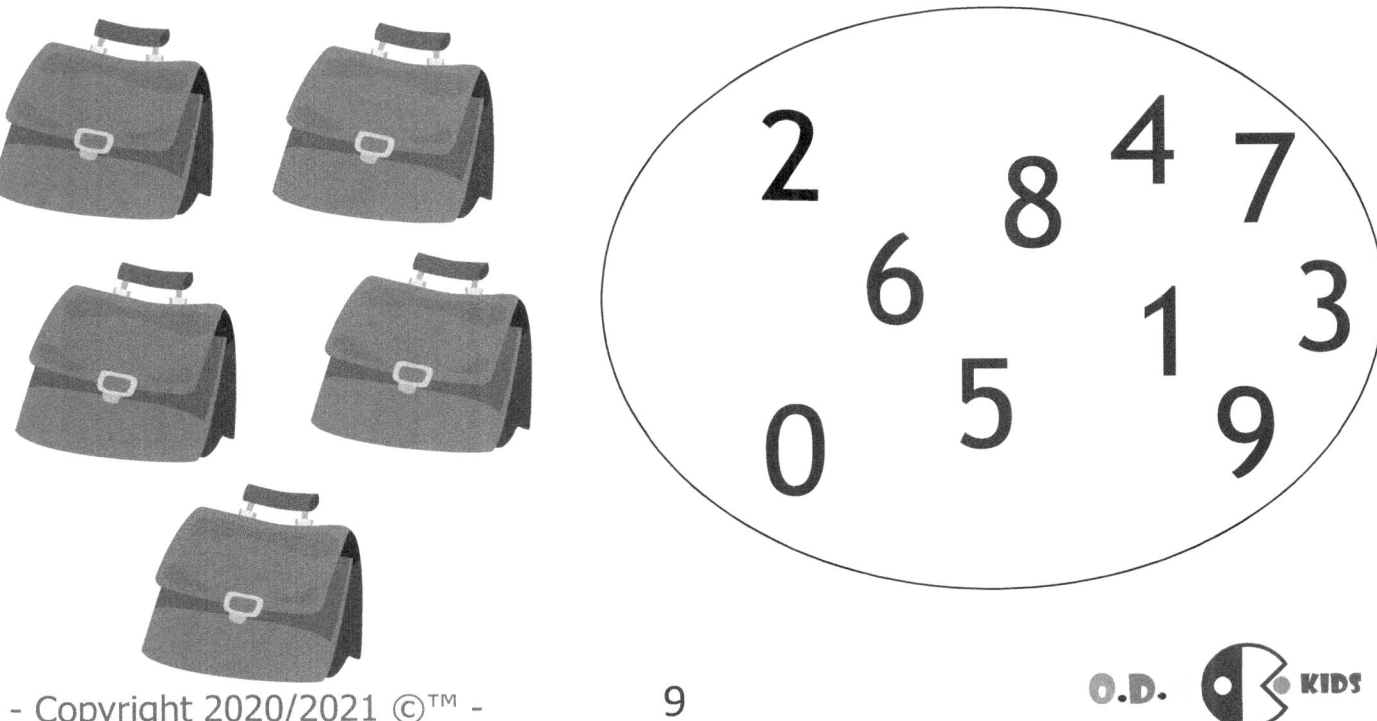

Tracer le numéro 6 (six)

Feuille de travail - Nombres et dénombrement des enfants de la maternelle

Exercez-vous à tracer et à imprimer le chiffre (six) :

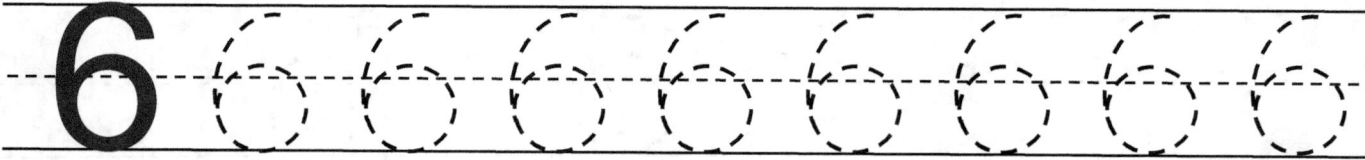

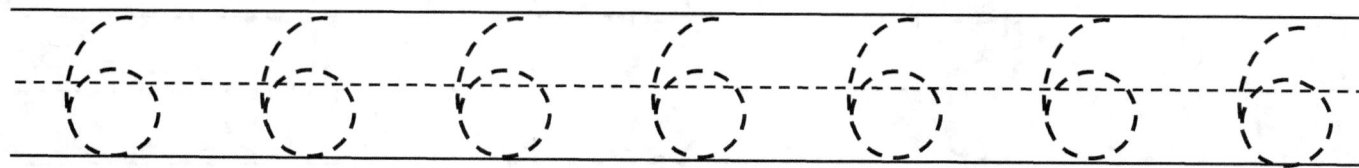

Comptez les livres :   Encerclez le chiffre 6 :

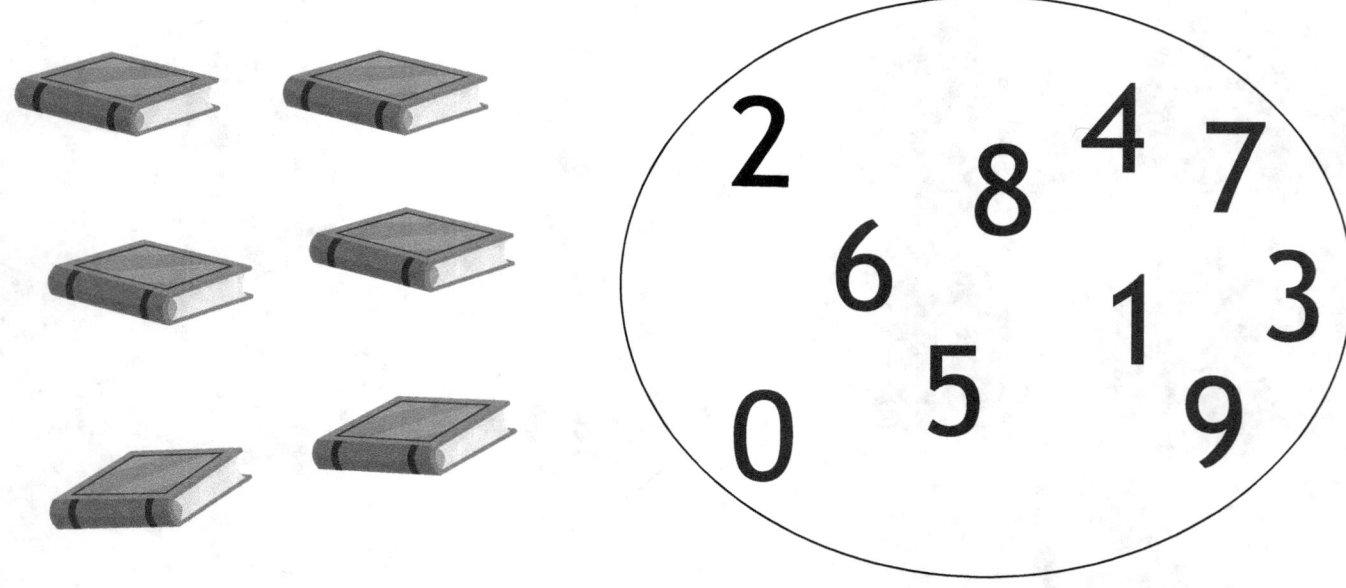

Tracer le numéro 7 (sept)
Feuille de travail - Nombres et dénombrement des enfants de la maternelle

Exercez-vous à tracer et à imprimer le chiffre (sept) :

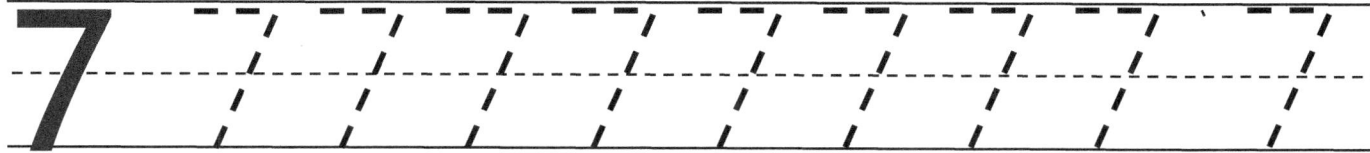

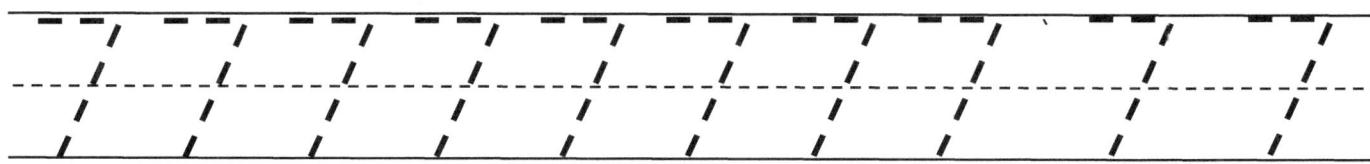

Compter la calculatrice :

Encerclez le chiffre 7 :

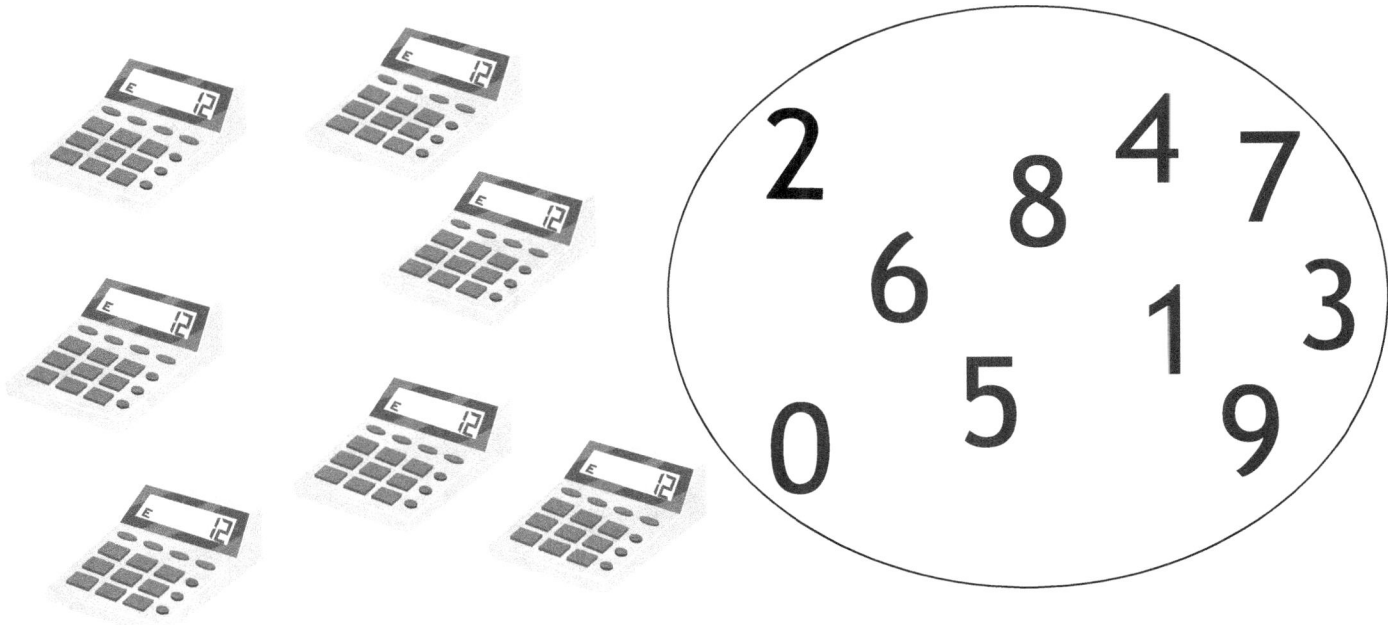

Tracer le numéro 8 (huit)

Feuille de travail - Nombres et dénombrement des enfants de la maternelle

Exercez-vous à tracer et à imprimer le chiffre (huit) :

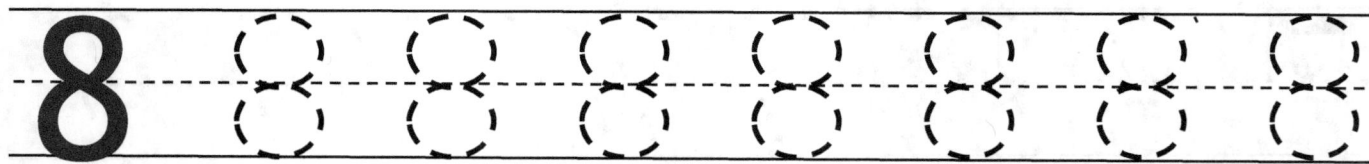

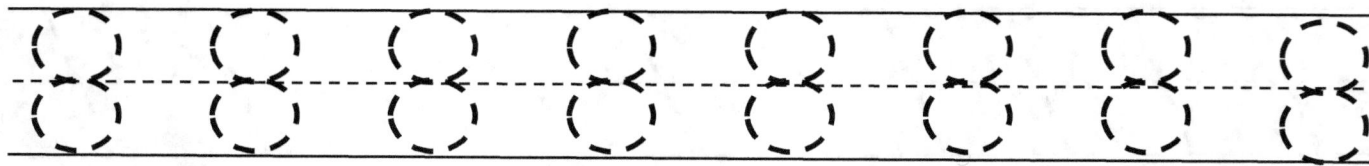

Compter la tasse :

Encerclez le chiffre 8 :

Tracer le numéro 9 (neuf)
Feuille de travail - Nombres et dénombrement des enfants de la maternelle

Exercez-vous à tracer et à imprimer le chiffre (neuf) :

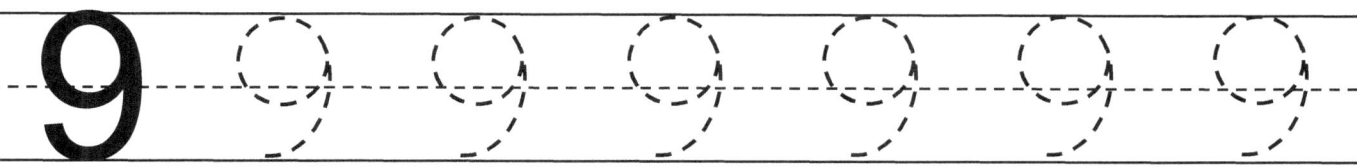

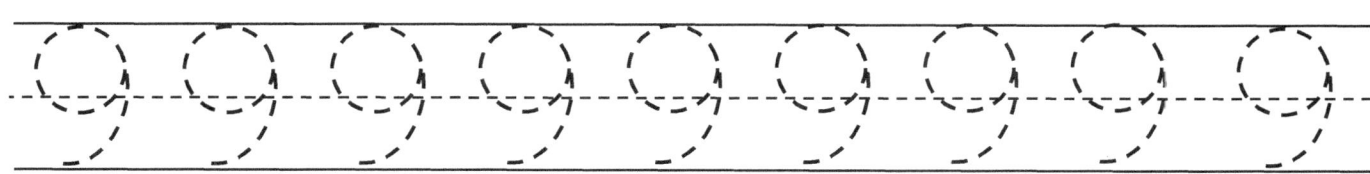

Compter le stylo :

Encerclez le chiffre 9 :

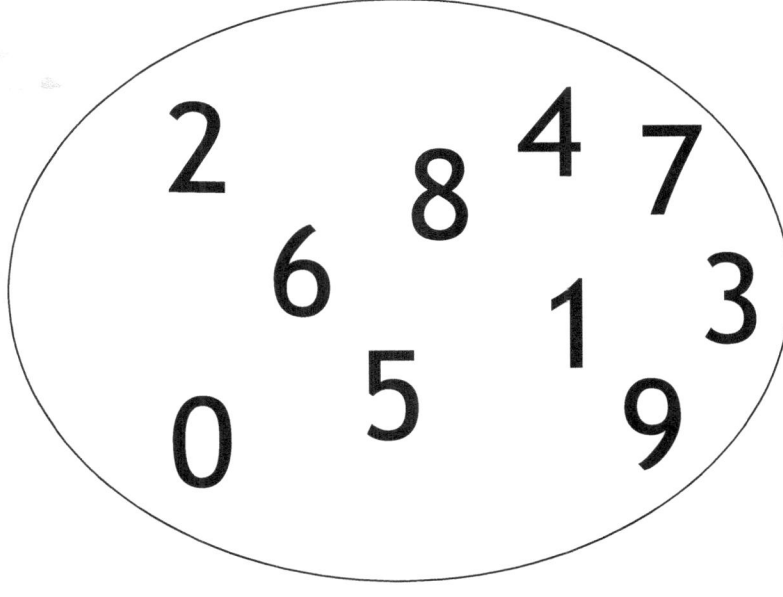

Tracer le numéro 10 (dix)

Feuille de travail - Nombres et dénombrement des enfants de la maternelle

Exercez-vous à tracer et à imprimer le chiffre (dix) :

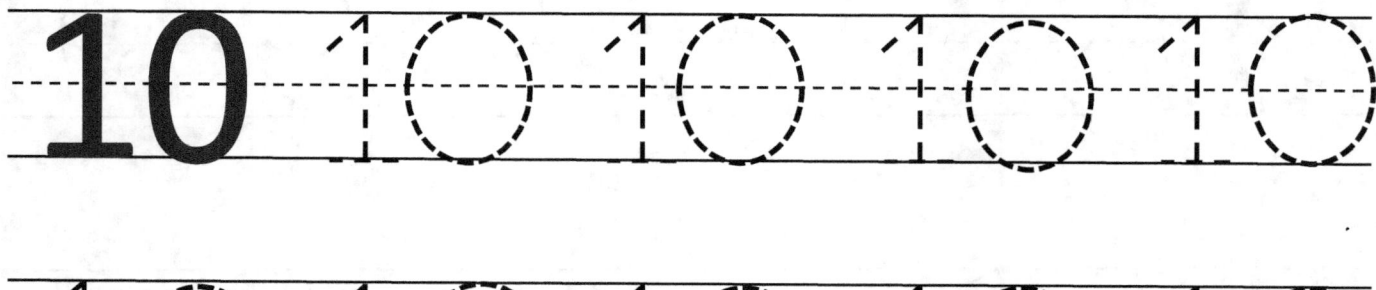

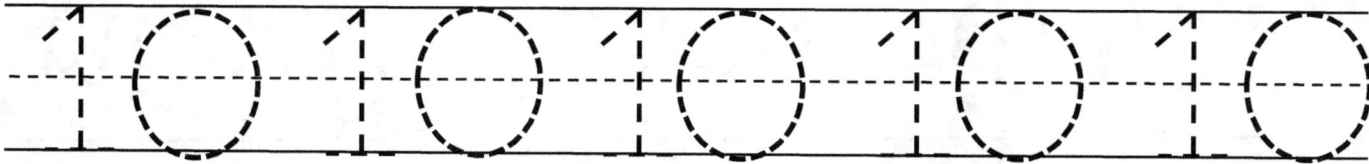

Compter le réveil :

Encerclez le chiffre 10 :

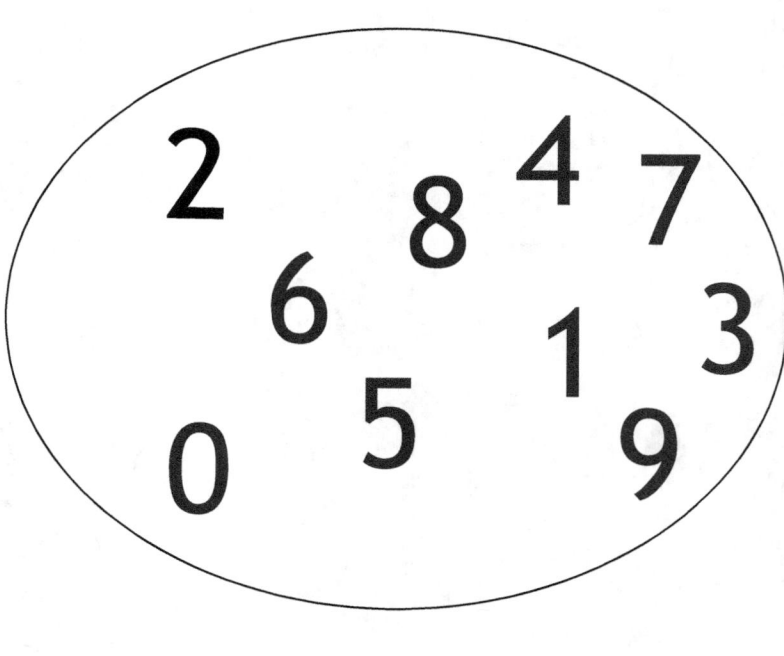

Compter les objets (nombres 1-10)

Feuille de travail - Dénombrement de la 1re année

Encerclez le nombre correct d'objets :

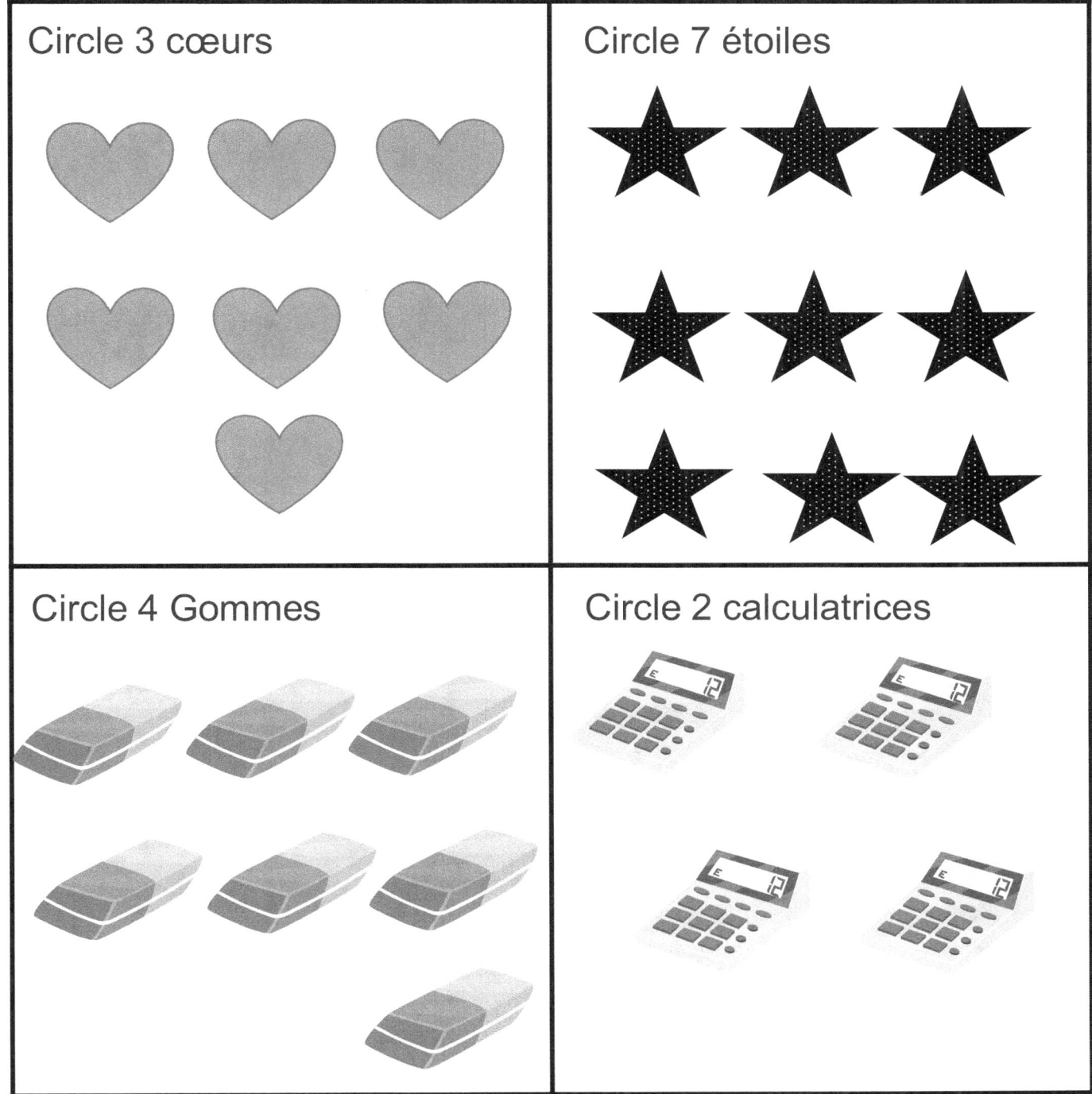

Compter les objets (nombres 1-10)

Feuille de travail - Dénombrement de la 1re année

Encerclez le nombre correct d'objets :

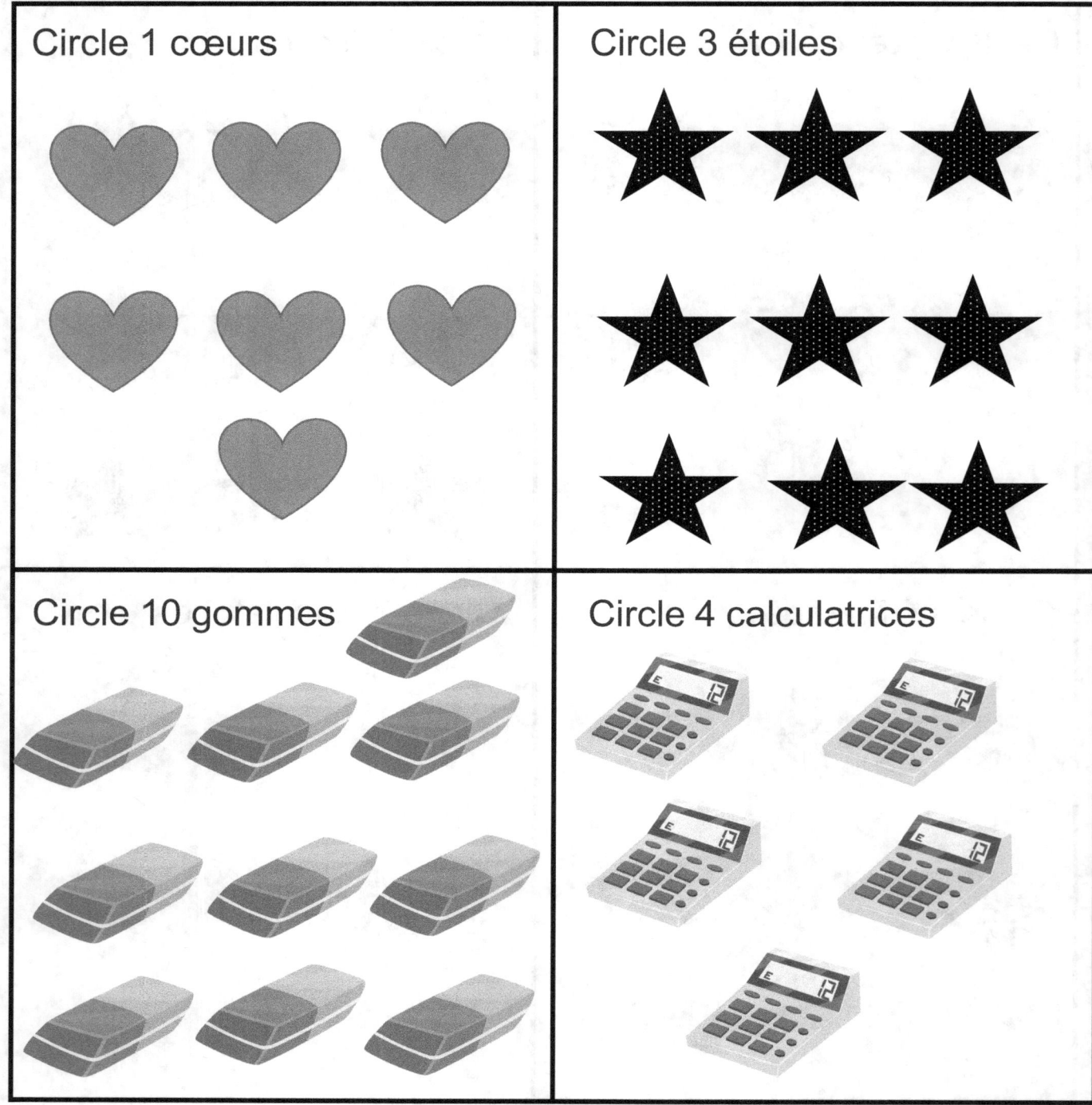

Compter les objets (nombres 1-10)
Feuille de travail - Dénombrement de la 1re année

Encerclez le nombre correct d'objets :

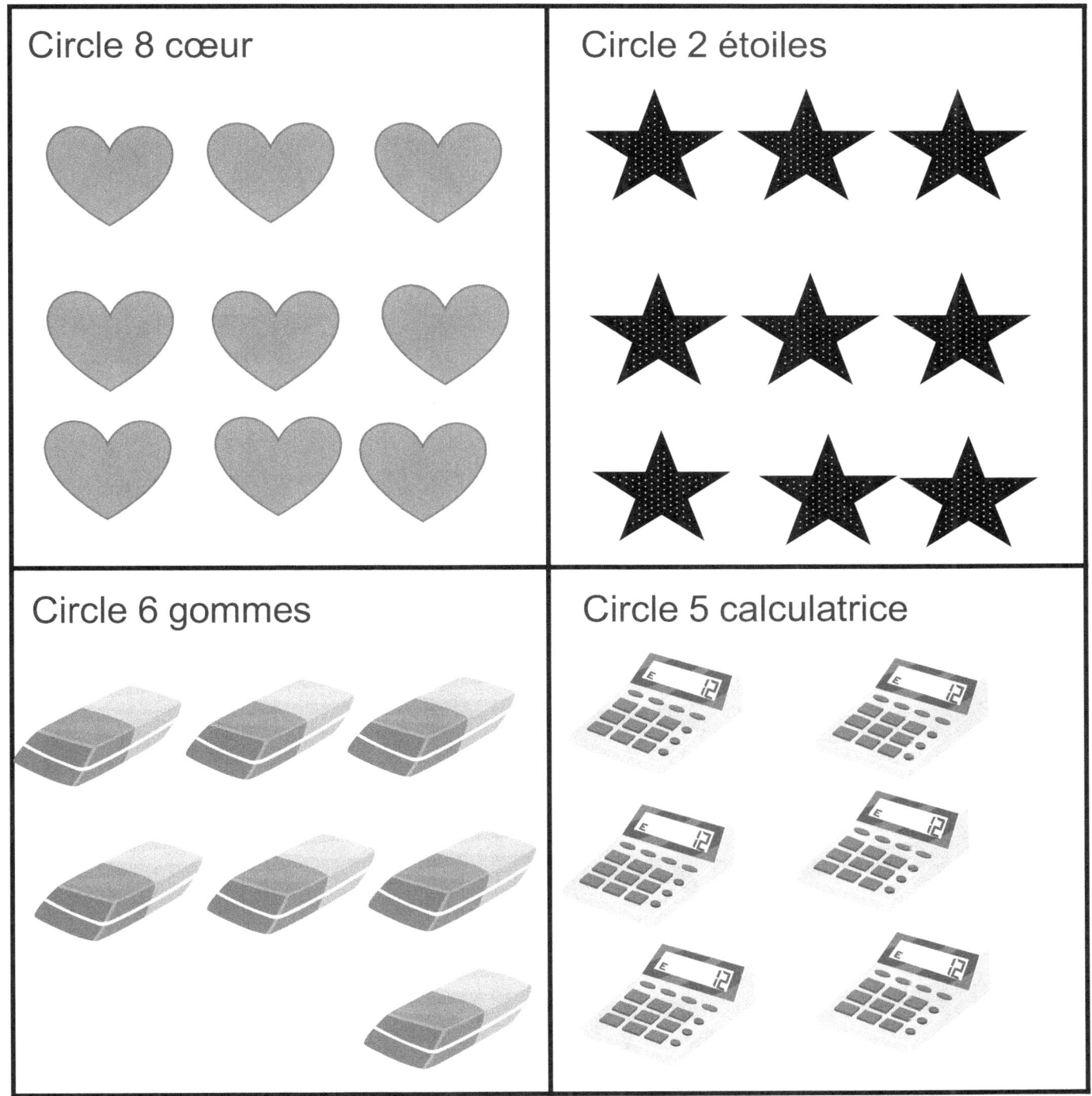

Compter les objets (nombres 1-10)
Feuille de travail - Dénombrement de la 1re année

Encerclez le nombre correct d'objets :

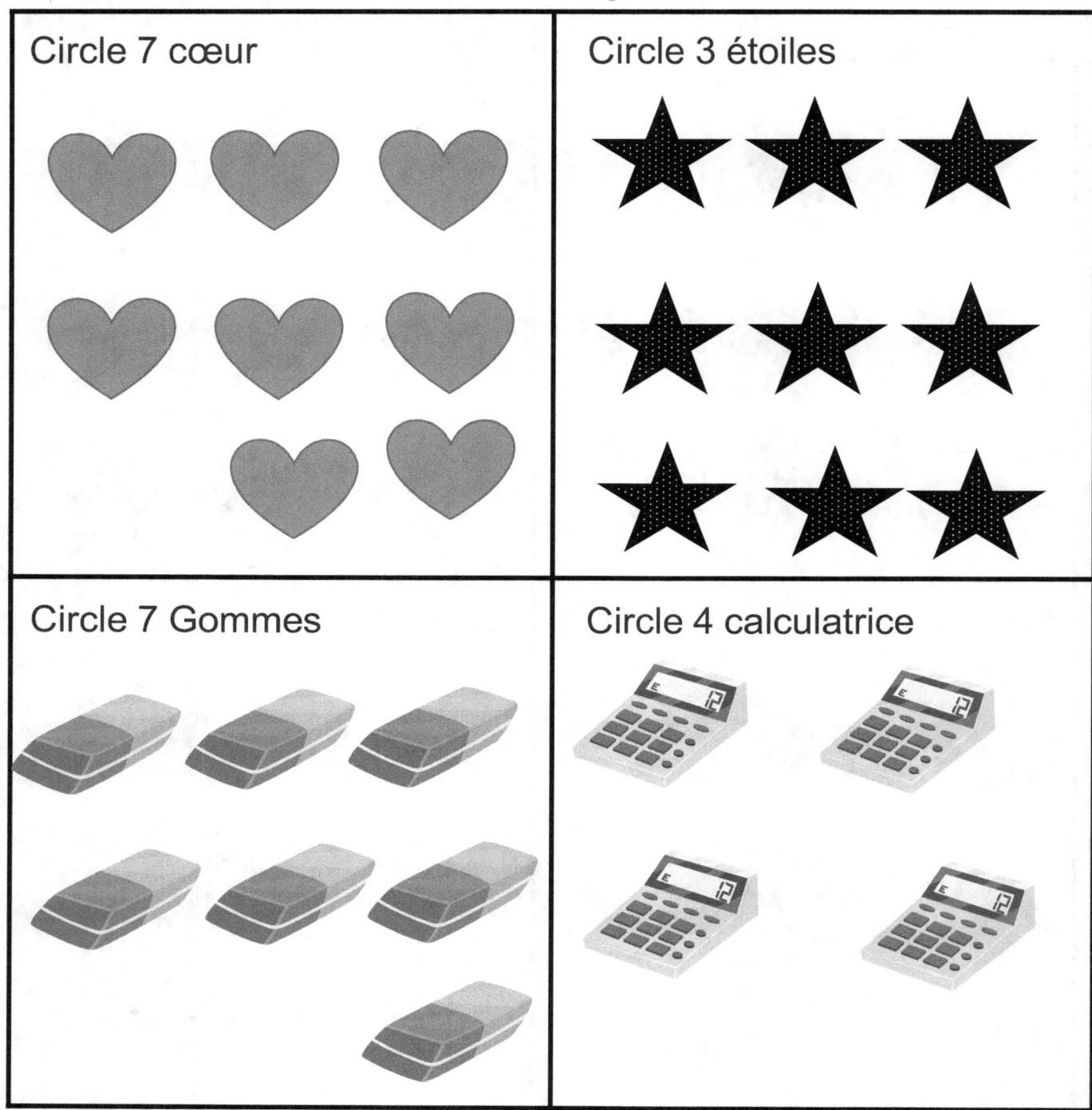

Compter les objets (nombres 1-10)
Feuille de travail - Dénombrement de la 1re année

Encerclez le nombre correct d'objets :

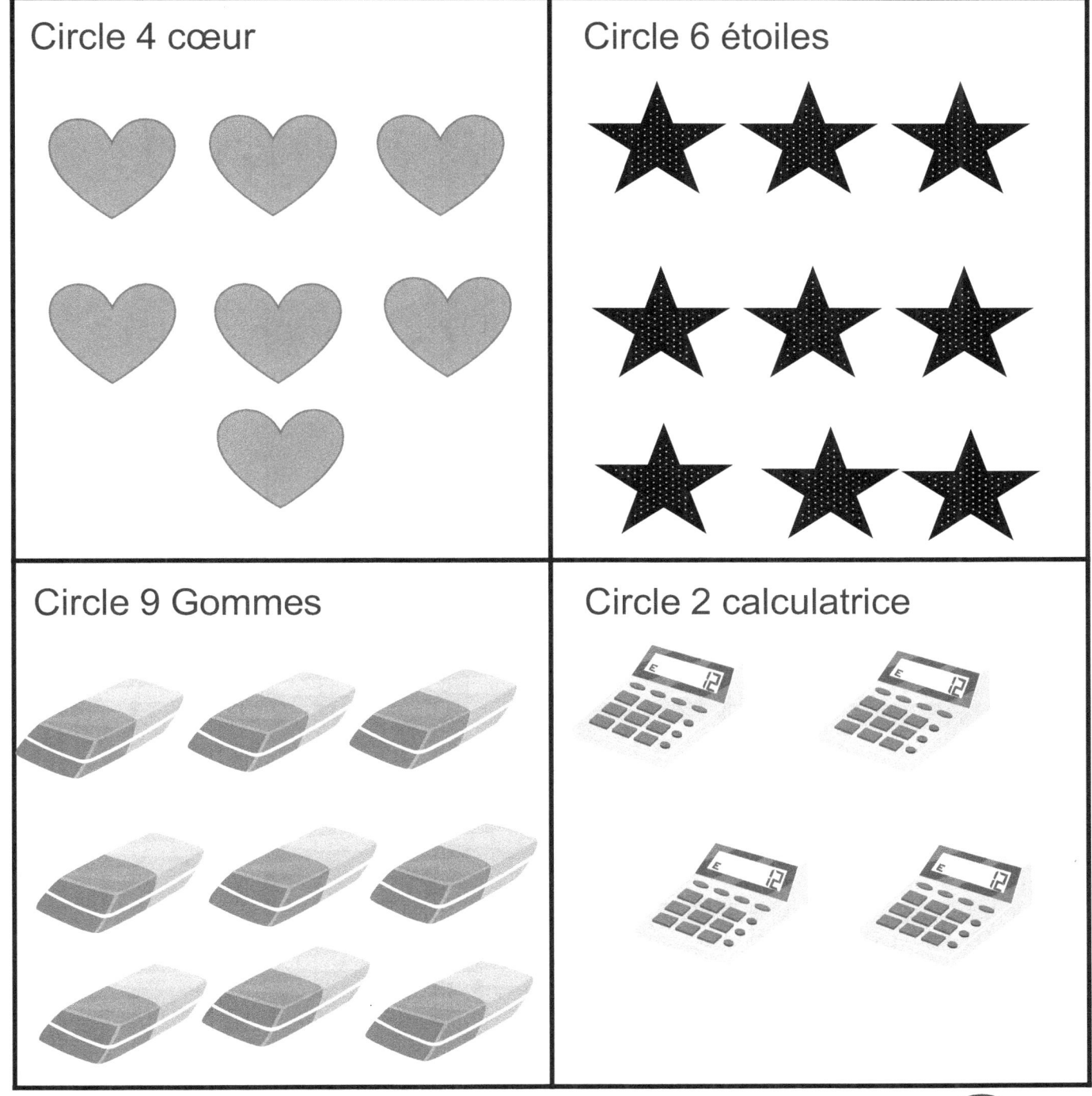

Compter par 2

Feuille de travail - Dénombrement de la 1re année

1. Compter par 2 de 5 à 15

2. Compter par 2 de 7 à 17
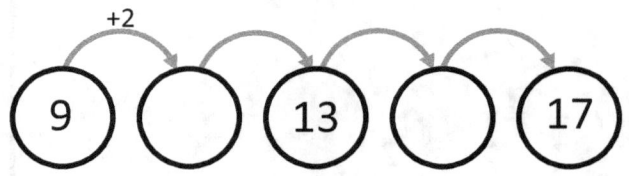

3. Compter par 2 de 3 à 13
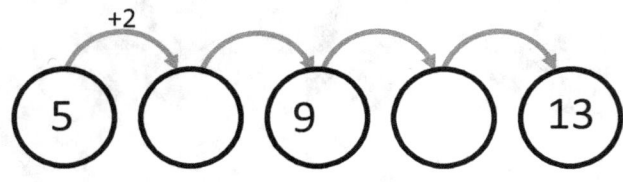

4. Compte par 2 de 9 à 19

5. Compter par 2 de 4 à 14

6. Compter par 2 de 6 à 16

7. Compter par 2 de 2 à 12

8. Compter par 2 de 1 à 11

9. Compter par 2 de 8 à 18
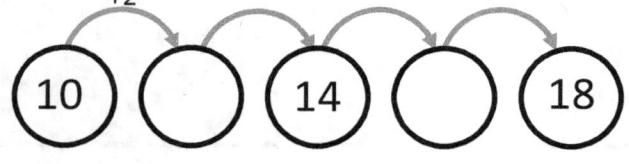

10. Compter par 2 de 10 à 20

Compter par 2

Feuille de travail - Dénombrement de la 1re année

1. Compter par 2 de 7 à 17

2. compter par 2 de 8 à 18

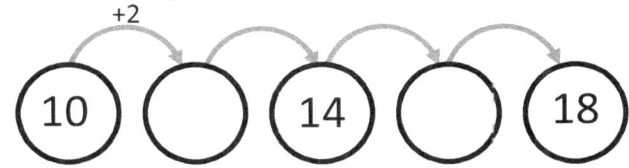

3. Compter par 2 de 3 à 13

4. Compter par 2 de 4 à 14

5. Compter par 2 de 10 à 20

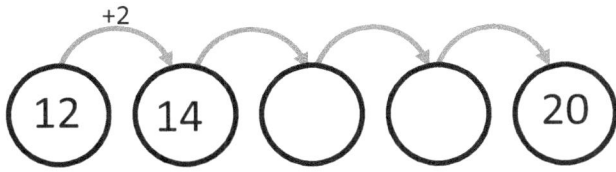

6. Compter par 2 de 5 à 15

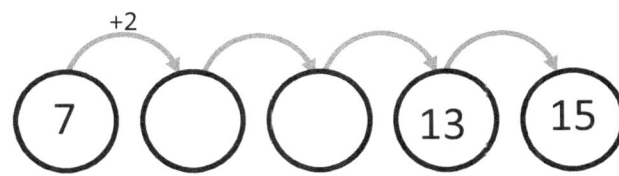

7. Compter par 2 de 6 à 16

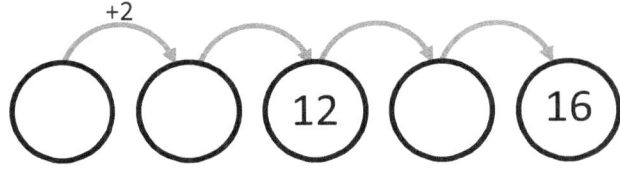

8. Compter par 2 de 2 à 12

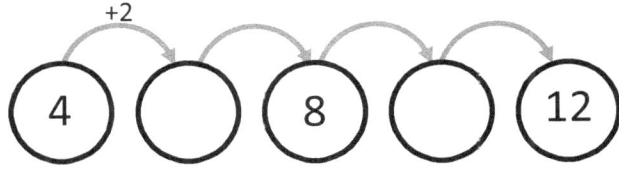

9. Compter par 2 de 1 à 11

Compter par 2 de 9 à 19

Compter par 2

Feuille de travail - Dénombrement de la 1re année

1. Compter par 2 de 8 à 18

2. Compter par 2 de 10 à 20

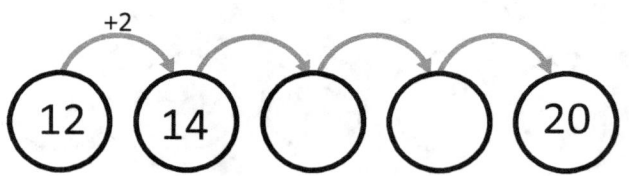

3. Compter par 2 de 2 à 12

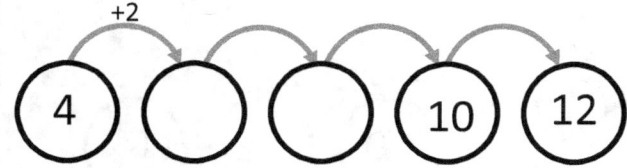

4. Compter par 2 de 1 à 11

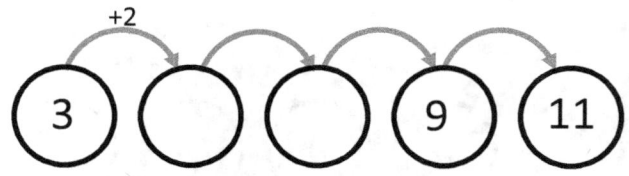

5. Count by 2 from 4 to 14

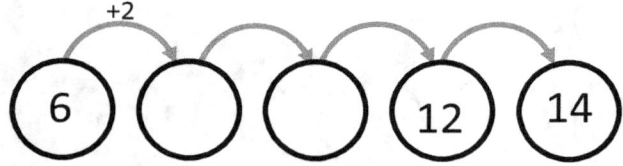

6. Count by 2 from 6 to 16

7. Count by 2 from 3 to 13

8. Count by 2 from 9 to 19

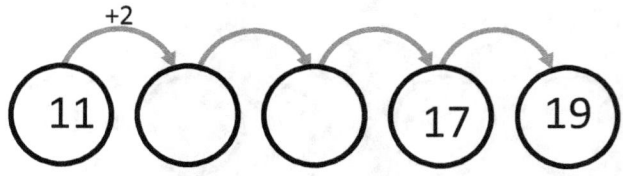

9. Count by 2 from 5 to 15

10. Count by 2 from 7 to 17

Compter par 2

Feuille de travail - Dénombrement de la 1re année

1. Compter par 2 de 10 à 20

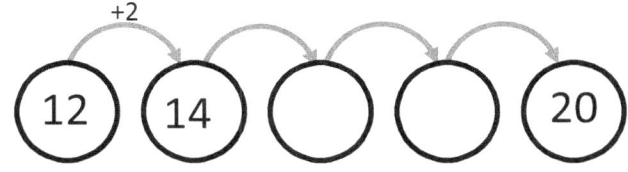

2. Compter par 2 de 5 à 15

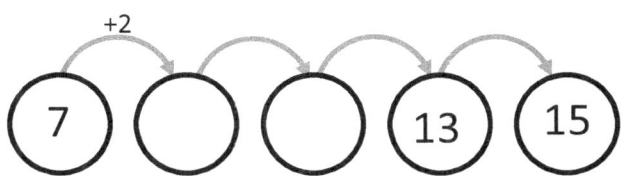

3. Compter par 2 de 3 à 13

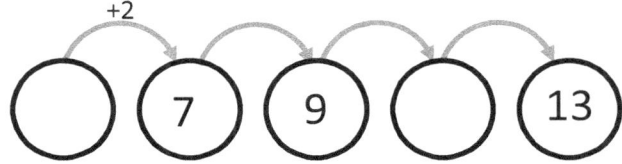

4. Compter par 2 de 4 à 14

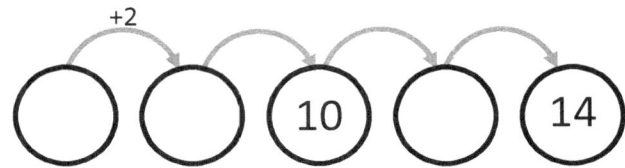

5. Compter par 2 de 7 à 17

6. Compter par 2 de 8 à 18

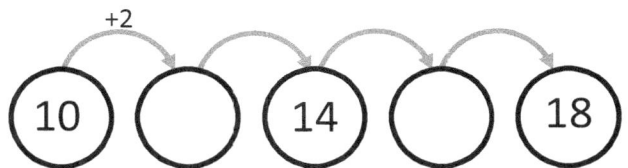

7. Compter par 2 de 9 à 19

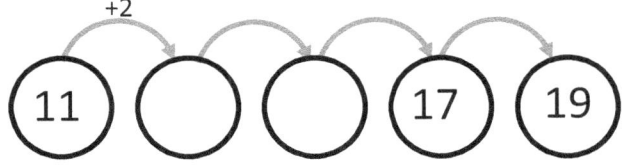

8. Compter par 2 de 2 à 12

9. Compter par 2 de 1 à 11

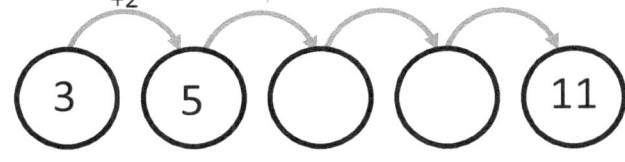

10. Compter par 2 de 6 à 16

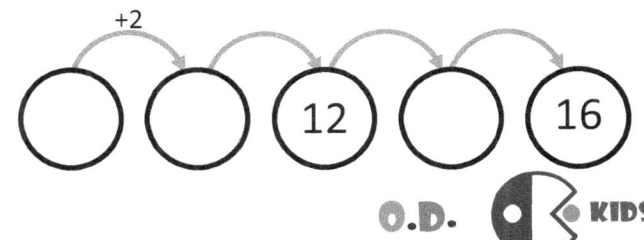

Compter par 2

Feuille de travail - Dénombrement de la 1re année

1. Compter par 2 de 5 à 15

2. Compter par 2 de 7 à 17
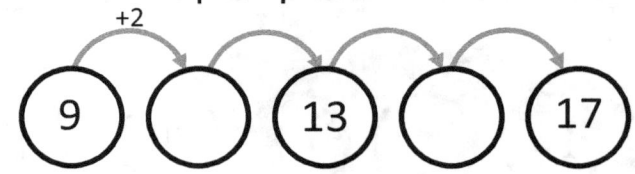

3. Compter par 2 de 3 à 13
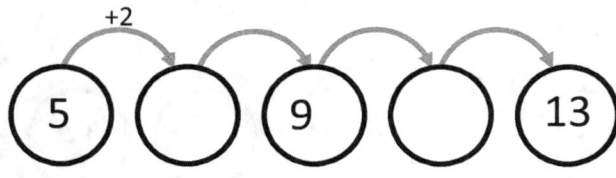

4. Compter par 2 de 9 à 19

5. Compter par 2 de 4 à 14
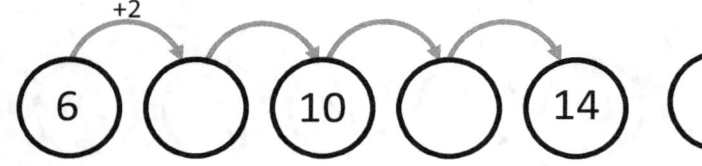

6. Compter par 2 de 6 à 16
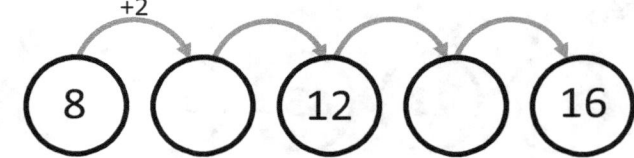

7. Compter par 2 de 2 à 12
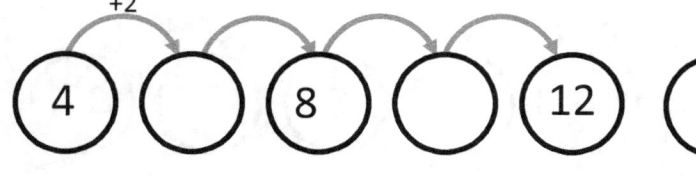

8. Compter par 2 de 1 à 11

9. Compter par 2 de 8 à 18

10. Compter par 2 de 10 à 20
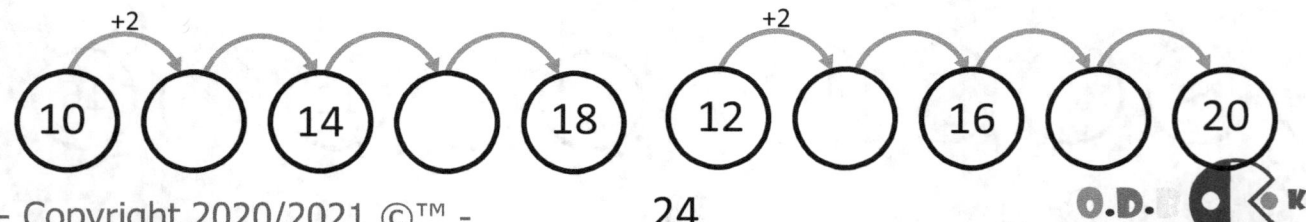

Compter par 2

Feuille de travail - Dénombrement de la 1re année

1. Compter par 2 de 7 à 17

2. Compter par 2 de 8 à 18
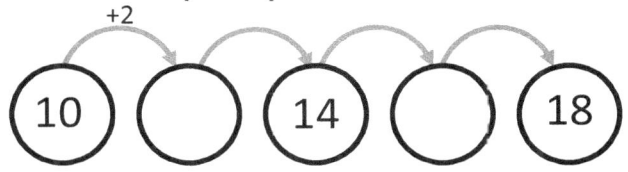

3. Compter par 2 de 3 à 13

4. Compter par 2 de 4 à 14
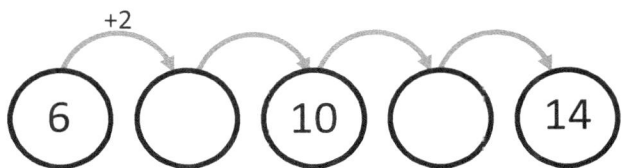

5. Compter par 2 de 10 à 20
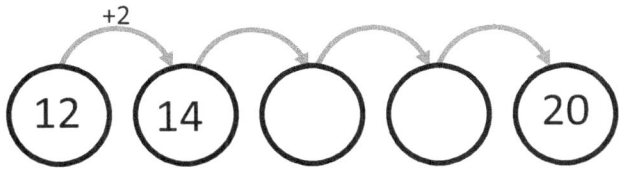

6. Compter par 2 de 5 à 15
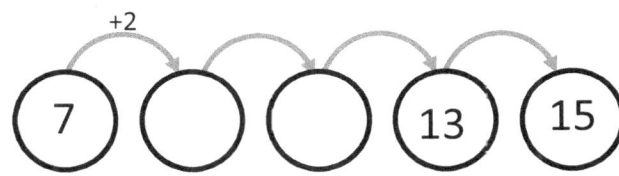

7. Compter par 2 de 6 à 16
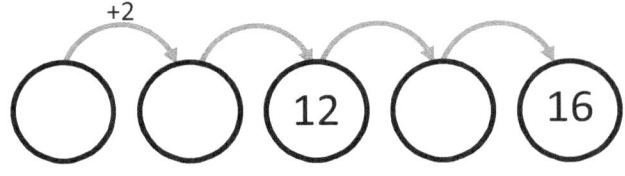

8. Compter par 2 de 2 à 12
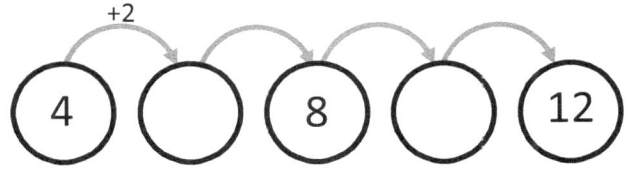

9. Compter par 2 de 1 à 11
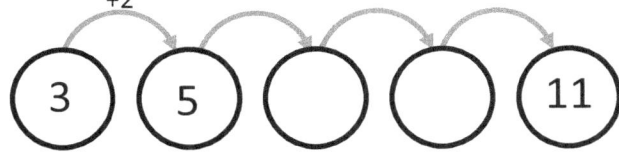

10. Compter par 2 de 9 à 19

Identifier les nombres pairs / impairs 1-20

Feuille de travail - Dénombrement et dénombrement des élèves de 1re année

Encerclez le nombre pair.

1) 10   9   8   5   2   4
2) 9   10   7   18   20
3) 3   12   11   20   7   1
4) 2   5   17   13   11
5) 20   17   5   6   2   3
6) 10   8   3   2   1
7) 16   14   11   2   1   7
8) 14   7   5   18   19
9) 10   9   14   15   3
10) 2   13   16   12   6

Encerclez le nombre IMPAIR.

11) 9   10   7   18   20
12) 3   10   2   8   9
13) 2   5   17   13   11
14) 15   9   5   17   7
15) 10   8   3   2   1
16) 14   16   9   12   5
17) 14   7   5   18   19
18) 20   10   11   8   9
19) 2   13   16   12   6
20) 13   17   6   2   20

Identifier les nombres pairs / impairs 1-20

Feuille de travail - Dénombrement et dénombrement des élèves de 1re année

Encerclez le nombre pair.

1) 10 17 8 5 3 4
2) 9 1 8 13 20
3) 3 12 11 20 7 8
4) 2 5 16 13 12
5) 7 16 5 6 2 3
6) 7 8 5 2 1
7) 18 15 11 3 16 7
8) 14 7 19 18 20
9) 13 9 14 15 4
10) 2 7 1 12 6 4

Encerclez le nombre IMPAIR.

11) 9 5 7 1 20
12) 3 20 2 5 9
13) 2 5 17 13 15
14) 15 7 5 17 6
15) 6 8 3 2 17
16) 14 17 2 12 5
17) 14 7 8 18 19
18) 3 10 11 8 9
19) 2 13 16 19 6
20) 9 17 6 2 20

Identifier les nombres pairs / impairs 1-20

Feuille de travail - Dénombrement et dénombrement des élèves de 1re année

Encerclez le nombre pair.

1) 17   19   15   1

2) 9   8   15   1

3) 12   5   3   10

4) 18   15   11   5

5) 12   6   1   19

6) 20   10   7   5

7) 11   17   14   8

8) 1   19   2   20

9) 3   6   15   5

10) 15   5   20   8

Encerclez le nombre IMPAIR.

11) 1   19   16   6

12) 19   9   2   3

13) 16   14   13   12

14) 6   11   17   13

15) 18   4   19   9

16) 14   8   20   6

17) 8   4   12   18

18) 17   2   15   11

19) 7   10   15   2

20) 7   9   20   2

Identifier les nombres pairs / impairs 1-20

Feuille de travail - Dénombrement et dénombrement des élèves de 1re année

Encerclez le nombre pair.

1) 5   1   82   50

2) 48   47   4   86

3) 60   6   52   53

4) 6   4   2   7

5) 19   6   7   66

6) 85   45   97   6

7) 50   4   2   74

8) 2   8   60   62

10) 41   52   7   92

9) 6   2   3   62

Encerclez le nombre IMPAIR.

11) 91   78   26   9

12) 35   1   7   64

13) 53   39   38   94

14) 32   80   91   57

15) 2   31   97   68

16) 55   7   17   8

17) 96   92   68   1

18) 4   6   38   8

19) 58   96   27   5

20) 17   100   1   3

Identifier les nombres pairs / impairs 1-20

Feuille de travail - Dénombrement et dénombrement des élèves de 1re année

Encerclez le nombre pair.

1) 64   587   478   52

2) 61   35   303   247

3) 3   988   261   1

4) 665   930   318   268

5) 9   104   2   914

6) 437   2   41   348

7) 960   474   5   20

8) 960   266   456   55

9) 2   8   62   898

10) 898   1   9   7

Encerclez le nombre IMPAIR.

11) 6   687   181   880

12) 299   36   53   988

13) 7   815   416   807

14) 350   36   687   152

15) 98   22   981   5

16) 50   7   523   659

17) 23   397   188   567

18) 759   76   32   837

19) 20   3   5   17

20) 43   548   29   2

Tableau des nombres de 1 à 100 (à moitié plein)
Tableaux des nombres de la 1re année

Compter par 1 de 1 à 100

1	2	3	4	5	6	7		9	
				15				19	
	22	23		25	26	27	28		
	32	33		35	36		38	39	
		43		45				49	50
51				55		57		59	60
	62		64		66			69	
	72				76	77			
	82		84						90
91	92				96	97		99	100

Tableau des nombres de 1 à 100 (à moitié plein)
Tableaux des nombres de la 1re année

Compter par 1 de 1 à 100

1	2	3			6		8	9	10
		13	14		16	17	18		20
	22		24	25		27	28		
31	32	33		35	36	37			40
	42		44			47	48	49	50
				55		57	58		
		63		65		67	68		
				75			78	79	
		83	84	85	86			89	90
91	92		94			97	98	99	100

Tableau des nombres de 1 à 100 (à moitié plein)
Tableaux des nombres de la 1re année

Compter par 1 de 1 à 100

1	2	3	4			7		9	10
11			14			17		19	
	22					27	28		30
31	32	33			36		38		
	42			45	46		48	49	
51	52	53			56		58		
61			64	65			68		70
	72	73			76				
81		83			86		88	89	90
	92		94		96	97		99	100

Tableau des nombres de 1 à 100 (à moitié plein)
Tableaux des nombres de la 1re année

Compter par 1 de 1 à 100

1	2				6				
		13		15					20
				25		27			
	32	33				37		39	40
				45					
	52					57			
61				65		67			
71						76			80
						86			
	92		94	95					100

Nombres comme mots (0-20)
Feuille de travail sur les chiffres de 1re année

Encerclez le bon nombre pour chaque mot.

huit	5	13	8
seize	16	6	19
quatorze	14	24	4
vingt	2	12	20
dix	9	10	2
trois	3	6	9
treize	16	13	4
Dix-neuf	9	16	19
onze	11	12	1
douze	12	11	1

Nombres comme mots (0-20)
Feuille de travail sur les chiffres de 1re année

Tracer une ligne entre le nombre et son mot.

14	quatorze
8	Dix-sept
11	treize
20	dix
6	trois
10	huit
17	onze
19	six
3	Dix-neuf
13	vingt

Nombres comme mots (0-30)
Feuille de travail sur les chiffres de 1re année

Encerclez le bon nombre pour chaque mot.

Vingt-quatre	14	24	4
vingt	20	2	16
trente	13	21	30
douze	10	11	12
seize	16	13	19
Vingt-neuf	23	26	29
huit	16	8	4
quatorze	24	16	14
Vingt et un	22	12	21
Vingt-sept	7	20	27

Nombres comme mots (0-30)
Feuille de travail sur les chiffres de 1re année

Tracer une ligne entre le nombre et son mot.

2	Vingt et un
12	trente
22	onze
27	quinze
15	Vingt- quatre
11	douze
21	Vingt-deux
30	Vingt-sept
29	deux
24	Vingt-neuf

Nombres comme mots (0-120)
Feuille de travail sur les chiffres de 1re année

Encerclez le bon nombre pour chaque mot.

Quatre vingt quatre	44	88	84
Cinquante-six	56	65	66
Trente-trois	13	23	33
cent	101	100	10
quinze	15	55	25
Quatre vingt dix neuf	66	96	99
Quatre vingt	68	80	40
Cent-douze	112	61	114
Vingt et un	29	12	21
Soixante-sept	61	68	67

Nombres comme mots (0-120)
Feuille de travail sur les chiffres de 1re année

Tracer une ligne entre le nombre et son mot.

50   quatorze

58   cent- quatorze

6   Quatre-vingt-cinq

100   cinquante

14   Trente-trois

114   six

85   Soixante-quatre

33   Vingt et un

74   Cinquante-huit

21   cent

Compter les objets (jusqu'à 20)
Feuille de travail - Dénombrement de la 1re année

Compter les objets et écrire le nombre dans la boîte.

 = ☐

 = ☐

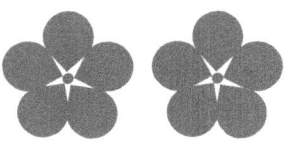 = ☐

= ☐

 = ☐

Compter les objets (jusqu'à 20)//
Feuille de travail - Dénombrement de la 1re année

Compter les objets et écrire le nombre dans la boîte.

Compter les objets (jusqu'à 20)
Feuille de travail - Dénombrement de la 1re année

Compter les objets et écrire le nombre dans la boîte.

 = ☐

 = ☐

 = ☐

 = ☐

 = ☐

Compter les objets (jusqu'à 20)
Feuille de travail - Dénombrement de la 1re année

Compter les objets et écrire le nombre dans la boîte.

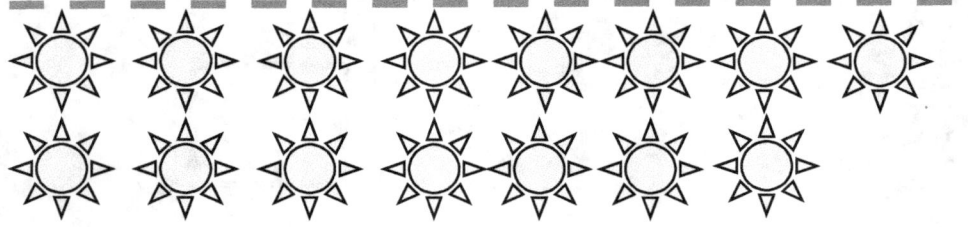 =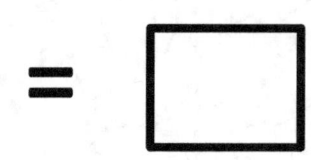

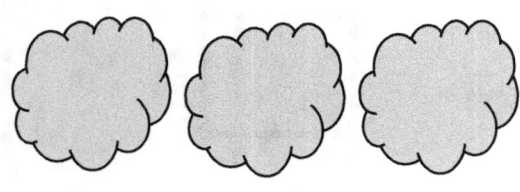 =

 =

 =

Compter les objets (jusqu'à 20)
Feuille de travail - Dénombrement de la 1re année

Compter les objets et écrire le nombre dans la boîte.

 =

 =

 =

 =

 =

Pratique de comptage - avant / après (1-20)
Feuille de travail - Dénombrement de la 1re année

Inscrivez les chiffres manquants.

1: | 5 | __ | 2: | 9 | __ | 3: | __ | 7 |

4: | 2 | __ | 5: | __ | 4 | 6: | 15 | __ |

7: | 17 | __ | 8: | 12 | __ | 9: | __ | 8 |

10: | 8 | __ | 10 | 11: | 14 | __ | 12: | 6 | __ |

13: | __ | 3 | 14: | __ | 10 | 15: | 15 | __ | 17 |

16: | __ | 16 | 17: | __ | 1 | 18: | 3 | __ |

Pratique de comptage - avant / après (1-20)
Feuille de travail - Dénombrement de la 1re année

Inscrivez les chiffres manquants.

1: | 6 | | 2: | 10 | | 3: | | 6 |

4: | 3 | | 5: | | 5 | 6: | 14 | |

7: | 18 | | 8: | 13 | | 9: | | 9 |

10: | 9 | | 11 | 11: | 1 | | 12: | 11 | |

13: | | 15 | 14: | | 20 | 15: | 14 | | 16 |

16: | | 19 | 17: | | 8 | 18: | 2 | |

Pratique de comptage - avant / après (1-20)
Feuille de travail - Dénombrement de la 1re année

Inscrivez les chiffres manquants.

1: | 3 | ☐ |

2: | 12 | ☐ |

3: | ☐ | 14 |

4: | ☐ | 4 |

5: | 9 | ☐ |

6: | ☐ | 7 |

7: | 17 | ☐ | 19 |

8: | ☐ | 2 |

9: | 7 | ☐ |

10: | 11 | ☐ |

11: | 17 | ☐ | ☐ |

12: | 3 | ☐ |

13: | ☐ | 13 |

14: | ☐ | 19 |

15: | 5 | ☐ | 7 |

16: | ☐ | 9 |

17: | ☐ | 10 |

18: | 2 | ☐ |

Pratique de comptage - avant / après (1-20)
Feuille de travail - Dénombrement de la 1re année

Inscrivez les chiffres manquants.

1: | 3 | □ | 2: | 12 | □ | 3: | □ | 14 |

4: | □ | 4 | 5: | 9 | □ | 6: | □ | 7 |

7: | 17 | □ | 19 | 8: | □ | 2 | 9: | 7 | □ |

10: | 11 | □ | 11: | 17 | □ | □ | 12: | 3 | □ |

13: | □ | 13 | 14: | □ | 19 | 15: | 5 | □ | 7 |

16: | □ | 9 | 17: | □ | 10 | 18: | 2 | □ |

Identification des dizaines et des uns

Valeur nominale

Remplissez les dizaines et les uns corrects pour les nombres donnés.

dizaines [ ] et uns [ ] = 86

dizaines [ ] et uns [ ] = 16

dizaines [ ] et uns [ ] = 36

dizaines [ ] et uns [ ] = 25

dizaines [ ] et uns [ ] = 76

dizaines [ ] et uns [ ] = 14

dizaines [ ] et uns [ ] = 63

dizaines [ ] et uns [ ] = 17

dizaines [ ] et uns [ ] = 23

Identification des dizaines et des uns

Valeur nominale

Remplissez les dizaines et les uns corrects pour les nombres donnés.

dizaines	et	uns	= 30
dizaines	et	uns	= 25
dizaines	et	uns	= 46
dizaines	et	uns	= 70
dizaines	et	uns	= 89
dizaines	et	uns	= 73
dizaines	et	uns	= 19
dizaines	et	uns	= 37
dizaines	et	uns	= 94

Identification des dizaines et des uns

Valeur nominale

Remplissez les dizaines et les uns corrects pour les nombres donnés.

dizaines [ ] et uns [ ] = 42

dizaines [ ] et uns [ ] = 67

dizaines [ ] et uns [ ] = 13

dizaines [ ] et uns [ ] = 93

dizaines [ ] et uns [ ] = 64

dizaines [ ] et uns [ ] = 57

dizaines [ ] et uns [ ] = 72

dizaines [ ] et uns [ ] = 16

dizaines [ ] et uns [ ] = 92

Identification des dizaines et des uns

Valeur nominale

Remplissez les dizaines et les uns corrects pour les nombres donnés.

dizaines [ ] et uns [ ] = 78

dizaines [ ] et uns [ ] = 29

dizaines [ ] et uns [ ] = 37

dizaines [ ] et uns [ ] = 63

dizaines [ ] et uns [ ] = 76

dizaines [ ] et uns [ ] = 94

dizaines [ ] et uns [ ] = 17

dizaines [ ] et uns [ ] = 38

dizaines [ ] et uns [ ] = 18

Identification des dizaines et des uns

Valeur nominale

Remplissez les dizaines et les uns corrects pour les nombres donnés.

dizaines [ ] et uns [ ] = 91

dizaines [ ] et uns [ ] = 26

dizaines [ ] et uns [ ] = 37

dizaines [ ] et uns [ ] = 12

dizaines [ ] et uns [ ] = 88

dizaines [ ] et uns [ ] = 97

dizaines [ ] et uns [ ] = 34

dizaines [ ] et uns [ ] = 50

dizaines [ ] et uns [ ] = 57

Identification des dizaines et des uns

Valeur nominale

Remplissez les dizaines et les uns corrects pour les nombres donnés.

dizaines [1] et uns [5] = 15

dizaines [6] et uns [7] = 67

dizaines [9] et uns [4] = 94

dizaines [3] et uns [6] = 36

dizaines [4] et uns [3] = 43

dizaines [4] et uns [9] = 49

dizaines [8] et uns [4] = 84

dizaines [2] et uns [2] = 22

dizaines [3] et uns [3] = 33

Combiner des dizaines et des uns

Feuille de travail Place Value

Remplissez les dizaines et les nombres corrects pour les nombres donnés.

 = 2 dizaines and 4 uns

 = 1 dizaines and 2 uns

 = 6 dizaines and 7 uns

 = 9 dizaines and 6 uns

 = 5 dizaines and 5 uns

 = 8 dizaines and 0 uns

 = 3 dizaines and 9 uns

 = 4 dizaines and 8 uns

- un exemple de

2 dizaines and 2 uns

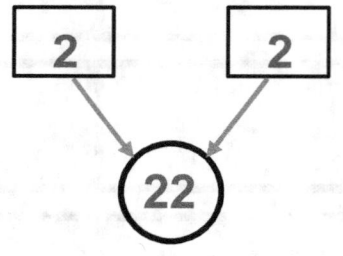

Combiner des dizaines et des uns

Feuille de travail Place Value

Remplissez les dizaines et les nombres corrects pour les nombres donnés.

☐ = **5** dizaines **and 4** uns

☐ = **2** dizaines **and 3** uns

☐ = **6** dizaines **and 7** uns

☐ = **8** dizaines **and 1** uns

☐ = **3** dizaines **and 6** uns

☐ = **7** dizaines **and 5** uns

☐ = **4** dizaines **and 2** uns

☐ = **1** dizaines **and 0** uns

Combiner des dizaines et des uns

Feuille de travail Place Value

Remplissez les dizaines et les nombres corrects pour les nombres donnés.

☐ = 8 dizaines and 3 uns

☐ = 7 dizaines and 8 uns

☐ = 1 dizaines and 4 uns

☐ = 3 dizaines and 3 uns

☐ = 4 dizaines and 1 uns

☐ = 6 dizaines and 0 uns

☐ = 9 dizaines and 6 uns

☐ = 2 dizaines and 5 uns

Combiner des dizaines et des uns

Feuille de travail Place Value

Remplissez les dizaines et les nombres corrects pour les nombres donnés.

- ☐ = **2** dizaines **and 0** uns
- ☐ = **7** dizaines **and 9** uns
- ☐ = **5** dizaines **and 1** uns
- ☐ = **4** dizaines **and 7** uns
- ☐ = **6** dizaines **and 3** uns
- ☐ = **3** dizaines **and 8** uns
- ☐ = **8** dizaines **and 6** uns
- ☐ = **1** dizaines **and 4** uns

Combiner des dizaines et des uns

Feuille de travail Place Value

Remplissez les dizaines et les nombres corrects pour les nombres donnés.

☐ = 3 dizaines and 7 uns

☐ = 2 dizaines and 8 uns

☐ = 4 dizaines and 0 uns

☐ = 9 dizaines and 1 uns

☐ = 7 dizaines and 5 uns

☐ = 6 dizaines and 4 uns

☐ = 5 dizaines and 4 uns

☐ = 8 dizaines and 7 uns

Combiner des dizaines et des uns

Feuille de travail Place Value

Remplissez les dizaines et les nombres corrects pour les nombres donnés.

☐ = 5 dizaines and 8 uns

☐ = 6 dizaines and 6 uns

☐ = 1 dizaines and 9 uns

☐ = 3 dizaines and 7 uns

☐ = 4 dizaines and 3 uns

☐ = 8 dizaines and 7 uns

☐ = 9 dizaines and 4 uns

☐ = 2 dizaines and 6 uns

Counting by 2's

Grade 1 Counting Worksheet

1. Compter par 2 de 5 à 15
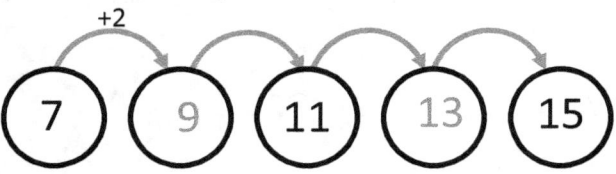

2. Compter par 2 de 7 à 17
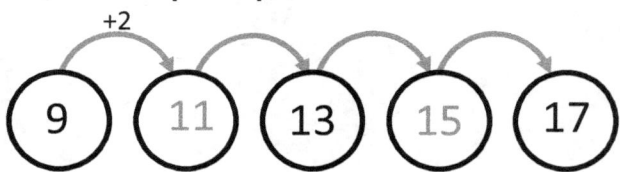

3. Compter par 2 de 3 à 13
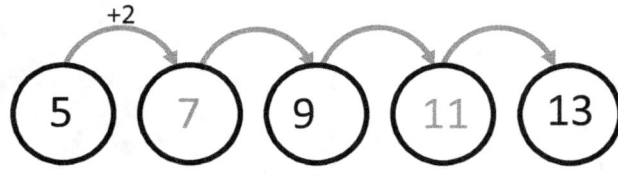

4. Compte par 2 de 9 à 19

5. Compter par 2 de 4 à 14
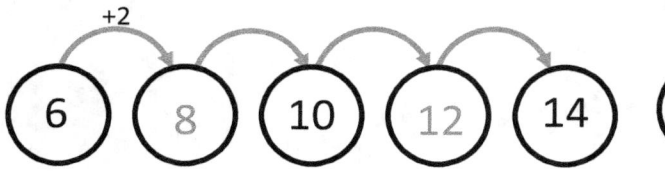

6. Compter par 2 de 6 à 16
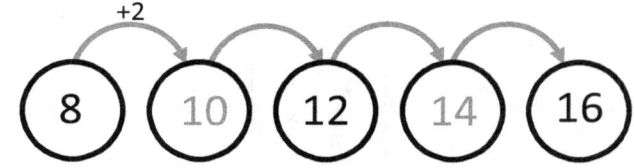

7. Compter par 2 de 2 à 12
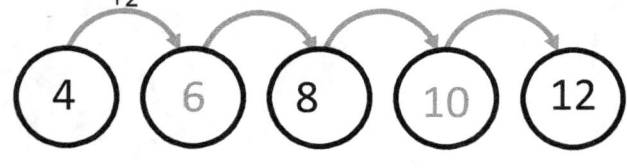

8. Compter par 2 de 1 à 11

9. Compter par 2 de 8 à18

10. Compter par 2 de 10 à 20

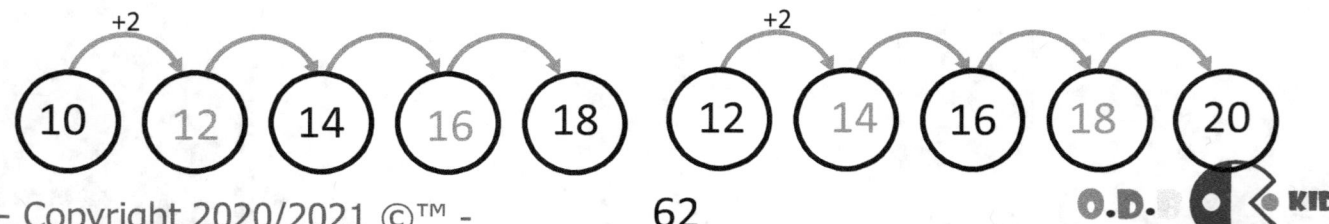

Counting by 2's
Grade 1 Counting Worksheet

1. Compter par 2 de 7 à 17

2. compter par 2 de 8 à 18

3. Compter par 2 de 3 à 13

4. Compter par 2 de 4 à 14
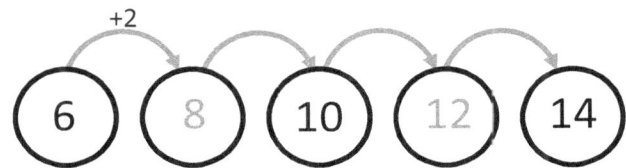

5. Compter par 2 de 10 à 20

6. Compter par 2 de 5 à 15

7. Compter par 2 de 6 à 16

8. Compter par 2 de 2 à 12

9. Compter par 2 de1 à 11

Compter par 2 de 9 à 19

Counting by 2's

Grade 1 Counting Worksheet

1. Compter par 2 de 8 à 18

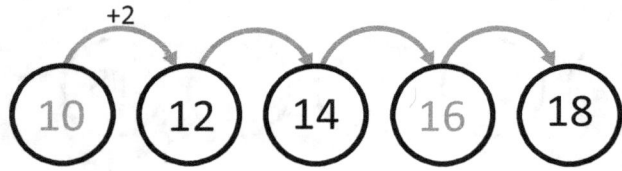

2. Compter par 2 de 10 à 20

3. Compter par 2 de 2 à 12

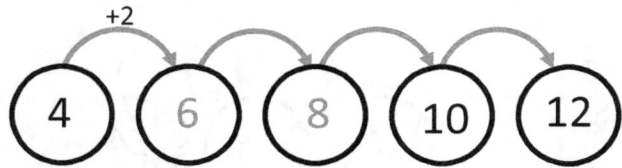

4. Compter par 2 de 1 à 11

5. Count by 2 from 4 to 14

6. Count by 2 from 6 to 16

7. Count by 2 from 3 to 13

8. Count by 2 from 9 to 19

9. Count by 2 from 5 to 15

10. Count by 2 from 7 to 17

Counting by 2's
Grade 1 Counting Worksheet

1. Compter par 2 de 10 à 20

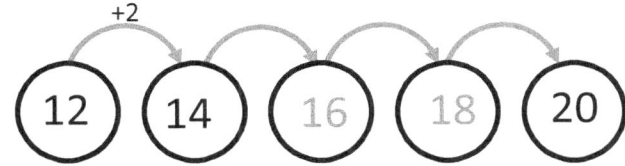

2. Compter par 2 de 5 à 15

3. Compter par 2 de 3 à 13

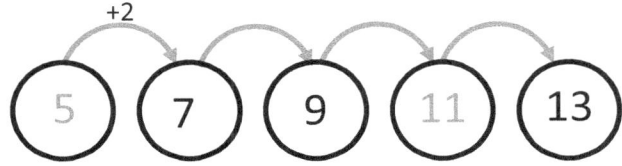

4. Compter par 2 de 4 à 14

5. Compter par 2 de 7 à 17

6. Compter par 2 de 8 à 18

7. Compter par 2 de 9 à 19

8. Compter par 2 de 2 à 12

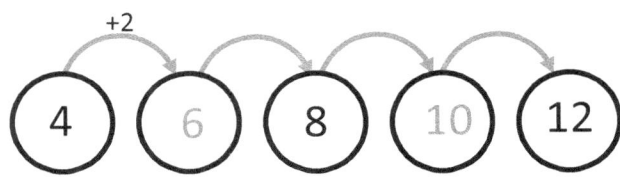

9. Compter par 2 de 1 à 11

10. Compter par 2 de 6 à 16

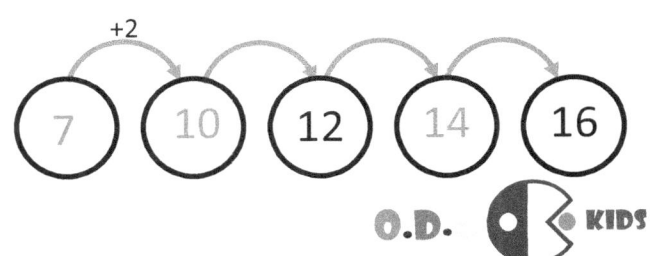

Counting by 2's

Grade 1 Counting Worksheet

1. Compter par 2 de 5 à 15

2. Compter par 2 de 7 à 17
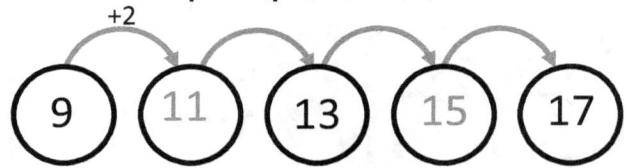

3. Compter par 2 de 3 à 13
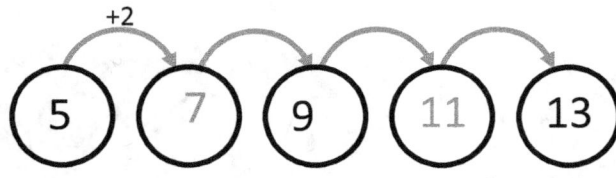

4. Compter par 2 de 9 à 19

5. Compter par 2 de 4 à 14
6. Compter par 2 de 6 à 16
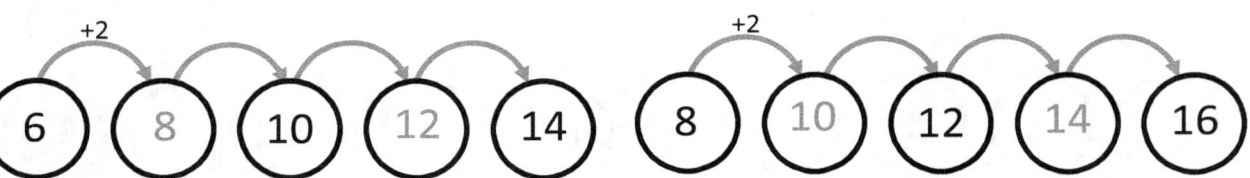

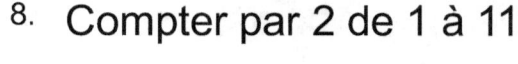

7. Compter par 2 de 2 à 12
8. Compter par 2 de 1 à 11

9. Compter par 2 de 8 à 18
10. Compter par 2 de 10 à 20
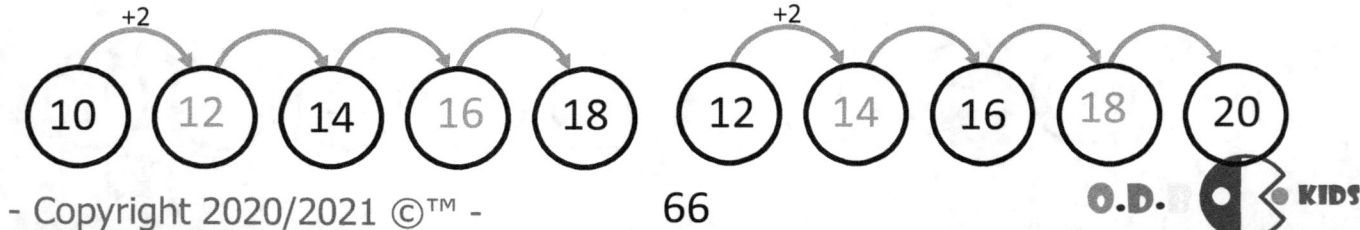

Counting by 2's
Grade 1 Counting Worksheet

1. Compter par 2 de 7 à 17

2. Compter par 2 de 8 à 18
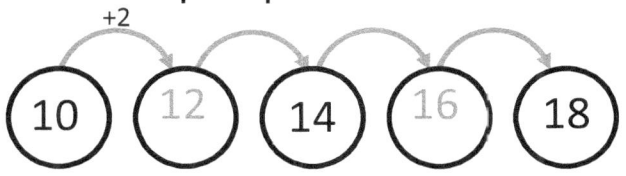

3. Compter par 2 de 3 à 13
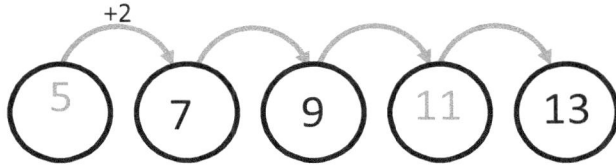

4. Compter par 2 de 4 à 14
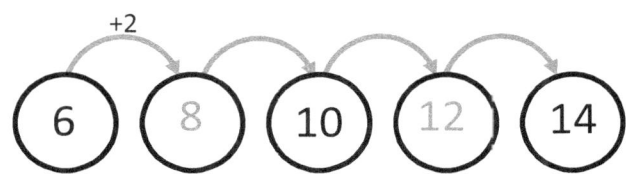

5. Compter par 2 de 10 à 20

6. Compter par 2 de 5 à 15

7. Compter par 2 de 6 à 16

8. Compter par 2 de 2 à 12
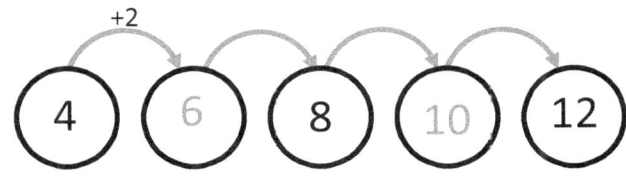

9. Compter par 2 de 1 à 11
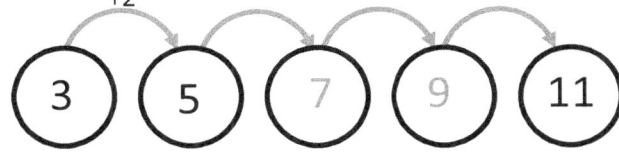

10. Compter par 2 de 9 à 19

Identifying even / odd numbers 1-20

Grade 1 Counting & Numbers Worksheet

Circle the EVEN number(s).

1) (10) 9 (8) 5 (2) (4)
2) 9 (10) 7 (18) (20)
3) 3 (12) 11 (20) 7 1
4) (2) 5 17 13 11
5) (20) 17 5 (6) (2) 3
6) (10) (8) 3 (2) 1
7) 16 14 11 2 1 7
8) (14) 7 5 (18) 19
9) (10) 9 (14) 15 3
10) (2) 13 (16) (12) (6)

Circle the ODD number(s).

11) (9) 10 (7) 18 20
12) (3) 10 2 8 (9)
13) 2 (5) (17) (13) (11)
14) (15) 8 10 (17) (7)
15) 10 8 (3) 2 (1)
16) 14 16 (9) 12 (5)
17) 14 (7) (5) 18 (19)
18) 20 10 (11) 8 (9)
19) 2 (13) 16 (11) 6
20) (13) (17) 6 2 20

Identifying even / odd numbers 1-20

Grade 1 Counting & Numbers Worksheet

Circle the EVEN number(s).

1) (10) 17 (8) 5 3 (4)

2) 9 1 (8) 13 (20)

3) 3 12 11 20 7 8

4) (2) 5 (16) 13 (12)

5) 7 16 5 6 2 3

6) 7 (8) 5 (2) 1

7) (18) 15 11 3 (16) 7

8) (14) 7 19 (18) (20)

9) 13 9 (14) 15 (4)

10) (2) 7 1 (12) (6) (4)

Circle the ODD number(s).

11) 4 (5) (7) (1) 20

12) (3) 20 2 (5) (9)

13) 2 (5) 8 (13) (15)

14) (15) 12 (5) (17) 6

15) 6 8 (3) 2 (17)

16) 14 (17) 2 12 (5)

17) 14 (7) 8 18 (19)

18) (3) 10 (11) 8 (9)

19) 2 (13) 16 (19) 6

20) (9) (17) 6 2 20

Identifying even / odd numbers 1-20

Grade 1 Counting & Numbers Worksheet

Circle the EVEN number(s).

1) 17 19 15 1

2) 9 (8) 15 1

3) (12) 5 3 (10)

4) (18) 15 11 5

5) (12) (6) 1 19

6) (20) (10) 7 5

7) 11 17 (14) (8)

8) 1 19 (2) (20)

9) 3 (6) 15 5

10) 15 5 (20) (8)

Circle the ODD number(s).

11) (1) 19 16 6

12) (19) (9) 2 (3)

13) 16 14 (13) 12

14) 6 (11) (17) (13)

15) 18 4 (19) (9)

16) 14 8 20 6

17) 8 4 12 18

18) (17) 2 (15) (11)

19) (7) 10 (15) 2

20) (7) (9) 20 2

Identifying even / odd numbers 1-100

Grade 1 Counting & Numbers Worksheet

Circle the EVEN number(s).

1) 5   1   (82)   (50)
2) (48)   47   (4)   (86)
3) (60)   (6)   (52)   53
4) (6)   (4)   (2)   7
5) 19   (6)   7   (66)
6) 85   45   97   (6)
7) (50)   (4)   2   (74)
8) (2)   (8)   (60)   (62)
9) (6)   (2)   3   (62)
10) 41   (52)   7   (92)

Circle the ODD number(s).

11) (91)   78   26   (9)
12) (35)   (1)   (7)   64
13) (53)   (39)   38   94
14) 32   80   (91)   (57)
15) 2   (31)   (97)   68
16) (55)   (7)   (17)   8
17) 96   92   68   (1)
18) 4   6   38   8
19) 58   96   (27)   (5)
20) (17)   100   (1)   (3)

Identifying even / odd numbers 1-1,000

Grade 1 Counting & Numbers Worksheet

Circle the EVEN number(s).

1) (64) 587 (478) (52)
2) 61 35 303 247

3) 3 (988) 261 1
4) 665 930 318 268

5) 9 (104) (2) (914)
6) 437 2 41 348

7) (960) (474) 5 (20)
8) 960 266 456 55

9) (2) (8) (62) (898)
10) 898 1 9 7

Circle the ODD number(s).

11) 6 (687) (181) 880
12) (299) 36 (53) 988

13) (7) (815) 416 (807)
14) 350 36 (687) 152

15) 98 22 (981) (5)
16) 50 (7) (523) (659)

17) (23) (397) 188 (567)
18) (759) 76 32 (837)

19) 20 3 5 17
20) (43) 548 (29) 2

Nombres comme mots (0-20)
Feuille de travail sur les chiffres de 1re année

Encerclez le bon nombre pour chaque mot.

huit	5	13	**(8)**
seize	**(16)**	6	19
quatorze	**(14)**	24	4
vingt	2	12	**(20)**
dix	9	**(10)**	2
trois	**(3)**	6	9
treize	16	**(13)**	4
Dix-neuf	9	16	**(19)**
onze	**(11)**	12	1
douze	**(12)**	11	1

Nombres comme mots (0-20)
Feuille de travail sur les chiffres de 1re année

Tracer une ligne entre le nombre et son mot.

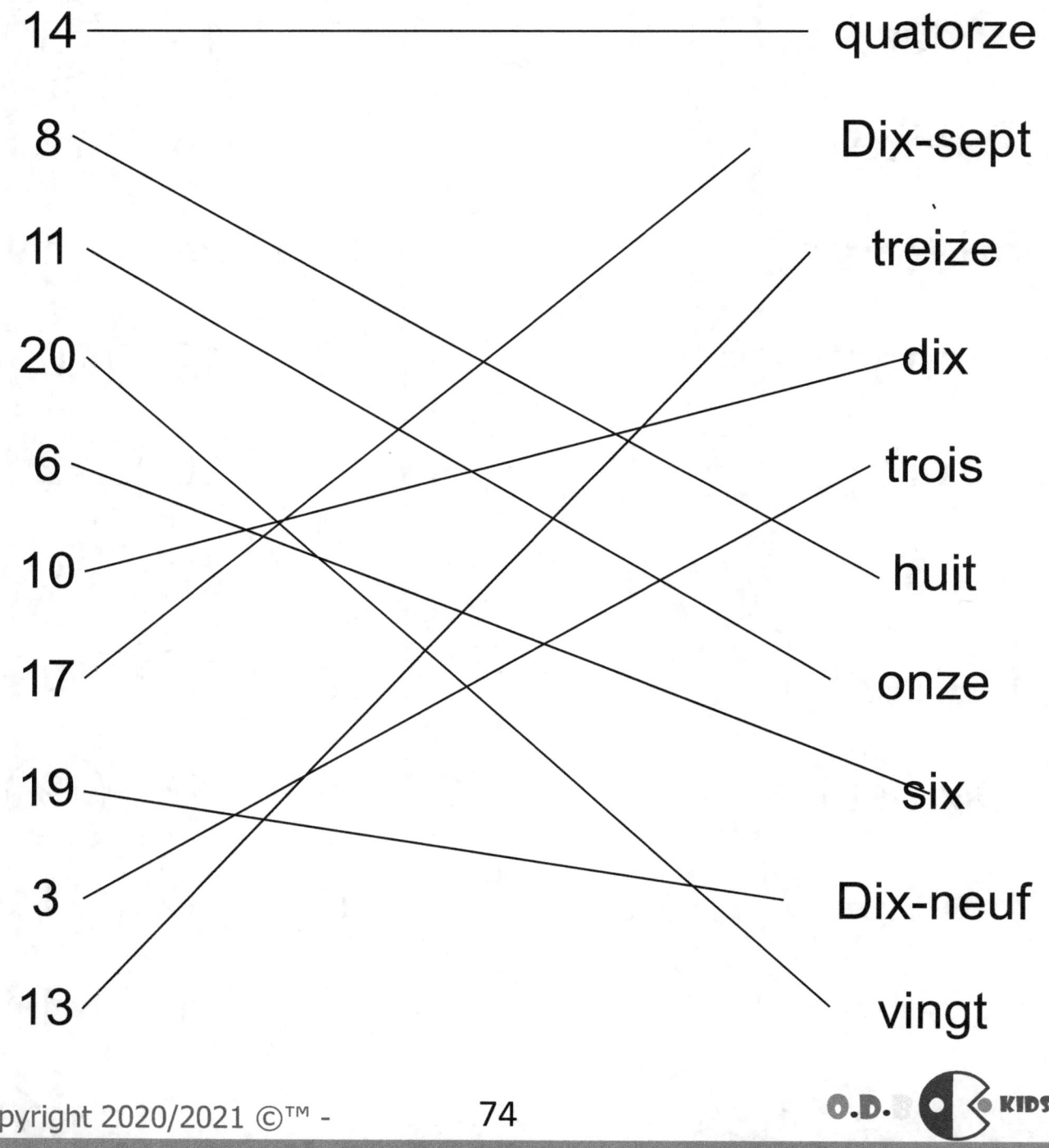

Nombres comme mots (0-30)
Feuille de travail sur les chiffres de 1re année

Encerclez le bon nombre pour chaque mot.

Vingt-quatre	14	(24)	4
vingt	(20)	2	16
trente	13	21	(30)
douze	10	11	(12)
seize	(16)	13	19
Vingt-neuf	23	26	(29)
huit	16	(8)	4
quatorze	24	16	(14)
Vingt et un	22	12	(21)
Vingt-sept	7	20	(27)

Nombres comme mots (0-30)
Feuille de travail sur les chiffres de 1re année

Tracer une ligne entre le nombre et son mot.

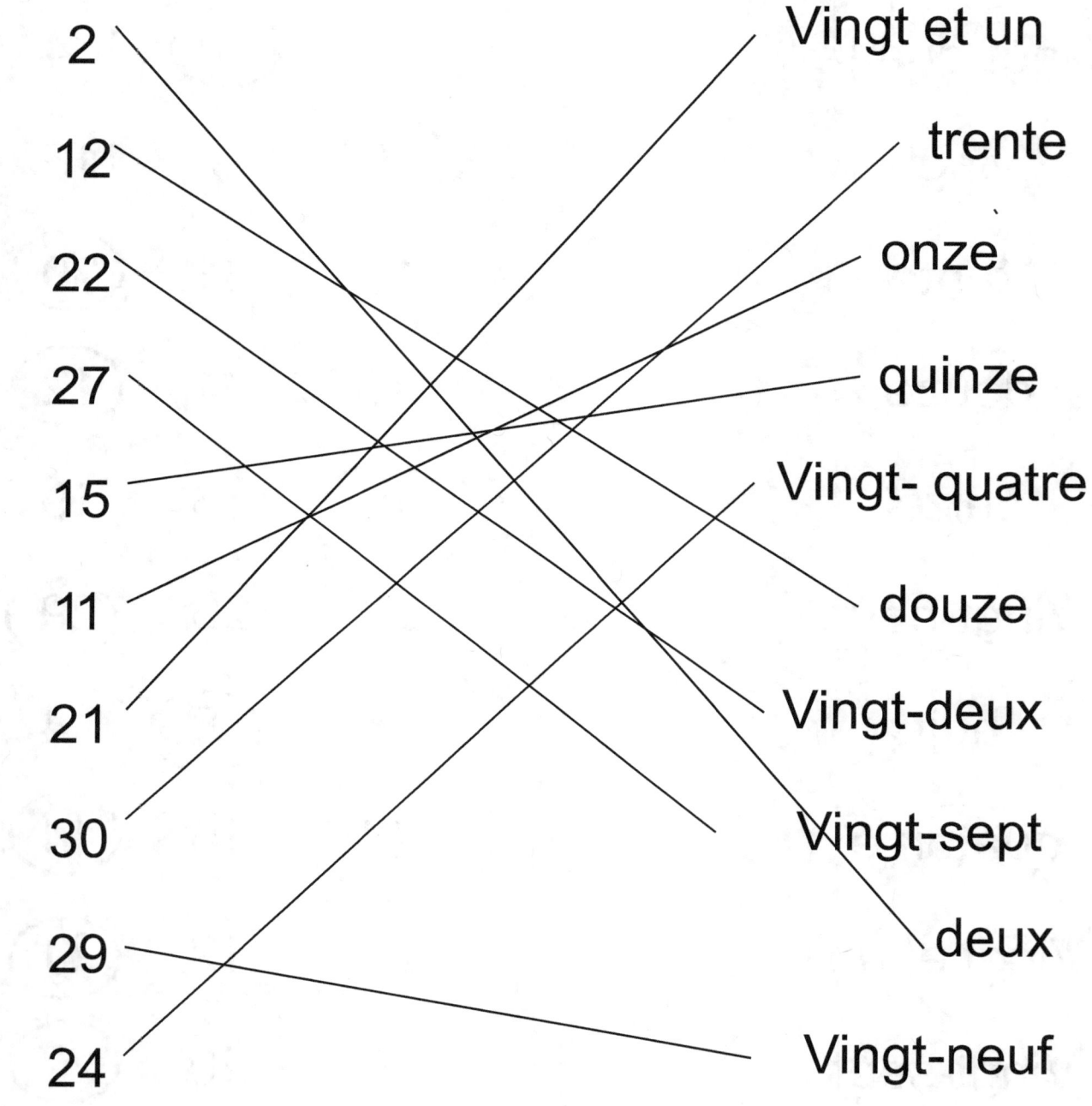

Nombres comme mots (0-120)
Feuille de travail sur les chiffres de 1re année

Encerclez le bon nombre pour chaque mot.

Quatre vingt quatre	44	88	**(84)**
Cinquante-six	**(56)**	65	66
Trente-trois	13	23	**(33)**
cent	101	**(100)**	10
quinze	**(15)**	55	25
Quatre vingt dix neuf	66	96	**(99)**
Quatre vingt	68	**(80)**	40
Cent-douze	**(112)**	61	114
Vingt et un	29	12	**(21)**
Soixante-sept	61	68	**(67)**

Nombres comme mots (0-120)
Feuille de travail sur les chiffres de 1re année

Tracer une ligne entre le nombre et son mot.

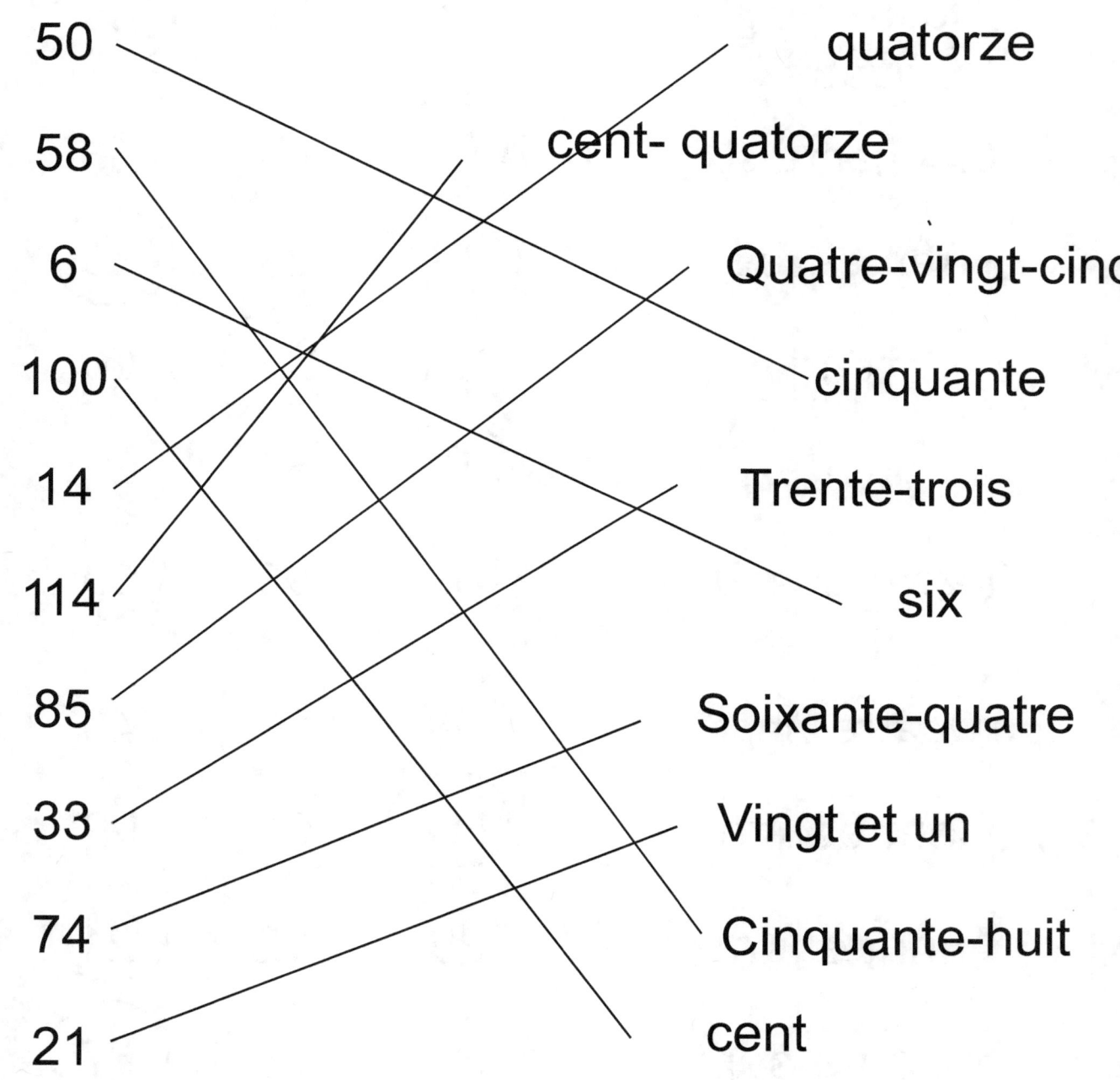

Identification des dizaines et des uns

Valeur nominale

Remplissez les dizaines et les uns corrects pour les nombres donnés.

dizaines	8	et	uns	6	= 86
dizaines	1	et	uns	6	= 16
dizaines	3	et	uns	6	= 36
dizaines	2	et	uns	5	= 25
dizaines	7	et	uns	6	= 76
dizaines	1	et	uns	4	= 14
dizaines	6	et	uns	3	= 63
dizaines	1	et	uns	7	= 17
dizaines	2	et	uns	3	= 23

Identification des dizaines et des uns

Valeur nominale

Remplissez les dizaines et les uns corrects pour les nombres donnés.

dizaines	3	et	uns	0	= 30
dizaines	2	et	uns	5	= 25
dizaines	4	et	uns	6	= 46
dizaines	7	et	uns	0	= 70
dizaines	8	et	uns	9	= 89
dizaines	7	et	uns	3	= 73
dizaines	1	et	uns	9	= 19
dizaines	3	et	uns	7	= 37
dizaines	9	et	uns	4	= 94

Identification des dizaines et des uns

Valeur nominale

Remplissez les dizaines et les uns corrects pour les nombres donnés.

dizaines	4	et	uns	2	= 42
dizaines	6	et	uns	7	= 67
dizaines	1	et	uns	3	= 13
dizaines	9	et	uns	3	= 93
dizaines	6	et	uns	4	= 64
dizaines	5	et	uns	7	= 57
dizaines	7	et	uns	2	= 72
dizaines	1	et	uns	6	= 16
dizaines	9	et	uns	2	= 92

Identification des dizaines et des uns

Valeur nominale

Remplissez les dizaines et les uns corrects pour les nombres donnés.

dizaines	7	et	uns	8	= 78
dizaines	2	et	uns	9	= 29
dizaines	3	et	uns	7	= 37
dizaines	6	et	uns	3	= 63
dizaines	7	et	uns	6	= 76
dizaines	9	et	uns	4	= 94
dizaines	1	et	uns	7	= 17
dizaines	3	et	uns	8	= 38
dizaines	1	et	uns	8	= 18

Identification des dizaines et des uns

Valeur nominale

Remplissez les dizaines et les uns corrects pour les nombres donnés.

dizaines	9	et	uns	1	= 91
dizaines	2	et	uns	6	= 26
dizaines	3	et	uns	7	= 37
dizaines	1	et	uns	2	= 12
dizaines	8	et	uns	8	= 88
dizaines	9	et	uns	7	= 97
dizaines	3	et	uns	4	= 34
dizaines	5	et	uns	0	= 50
dizaines	5	et	uns	7	= 57

Identification des dizaines et des uns

Valeur nominale

Remplissez les dizaines et les uns corrects pour les nombres donnés.

dizaines 1 et uns 5 = 15

dizaines 6 et uns 7 = 67

dizaines 9 et uns 4 = 94

dizaines 3 et uns 6 = 36

dizaines 4 et uns 3 = 43

dizaines 4 et uns 9 = 49

dizaines 8 et uns 4 = 84

dizaines 2 et uns 2 = 22

dizaines 3 et uns 3 = 33

Combiner des dizaines et des uns

Feuille de travail Place Value

Remplissez les dizaines et les nombres corrects pour les nombres donnés.

| 24 | = **2** dizaines **and 4** uns

| 12 | = **1** dizaines **and 2** uns

| 67 | = **6** dizaines **and 7** uns

| 96 | = **9** dizaines **and 6** uns

| 55 | = **5** dizaines **and 5** uns

| 80 | = **8** dizaines **and 0** uns

| 39 | = **3** dizaines **and 9** uns

| 48 | = **4** dizaines **and 8** uns

■ an example of

2 tens and 2 ones

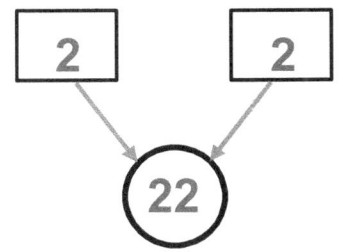

Combiner des dizaines et des uns

Feuille de travail Place Value

Remplissez les dizaines et les nombres corrects pour les nombres donnés.

| 54 | = | **5** dizaines **and 4** uns |

| 23 | = | **2** dizaines **and 3** uns |

| 67 | = | **6** dizaines **and 7** uns |

| 81 | = | **8** dizaines **and 1** uns |

| 36 | = | **3** dizaines **and 6** uns |

| 75 | = | **7** dizaines **and 5** uns |

| 42 | = | **4** dizaines **and 2** uns |

| 10 | = | **1** dizaines **and 0** uns |

Combiner des dizaines et des uns

Feuille de travail Place Value

Remplissez les dizaines et les nombres corrects pour les nombres donnés.

83	=	8 dizaines **and 3** uns
78	=	7 dizaines **and 8** uns
14	=	1 dizaines **and 4** uns
33	=	3 dizaines **and 3** uns
41	=	4 dizaines **and 1** uns
60	=	6 dizaines **and 0** uns
96	=	9 dizaines **and 6** uns
25	=	2 dizaines **and 5** uns

Combiner des dizaines et des uns

Feuille de travail Place Value

Remplissez les dizaines et les nombres corrects pour les nombres donnés.

| 20 | = | **2** dizaines **and 0** uns |

| 79 | = | **7** dizaines **and 9** uns |

| 51 | = | **5** dizaines **and 1** uns |

| 47 | = | **4** dizaines **and 7** uns |

| 63 | = | **6** dizaines **and 3** uns |

| 38 | = | **3** dizaines **and 8** uns |

| 86 | = | **8** dizaines **and 6** uns |

| 14 | = | **1** dizaines **and 4** uns |

Combiner des dizaines et des uns

Feuille de travail Place Value

Remplissez les dizaines et les nombres corrects pour les nombres donnés.

37	=	3 dizaines and 7 uns
28	=	2 dizaines and 8 uns
40	=	4 dizaines and 0 uns
91	=	9 dizaines and 1 uns
75	=	7 dizaines and 5 uns
64	=	6 dizaines and 4 uns
54	=	5 dizaines and 4 uns
87	=	8 dizaines and 7 uns

Combiner des dizaines et des uns

Feuille de travail Place Value

Remplissez les dizaines et les nombres corrects pour les nombres donnés.

| 58 | = | **5** dizaines **and 8** uns |

| 66 | = | **6** dizaines **and 6** uns |

| 19 | = | **1** dizaines **and 9** uns |

| 37 | = | **3** dizaines **and 7** uns |

| 43 | = | **4** dizaines **and 3** uns |

| 87 | = | **8** dizaines **and 7** uns |

| 94 | = | **9** dizaines **and 4** uns |

| 26 | = | **2** dizaines **and 6** uns |

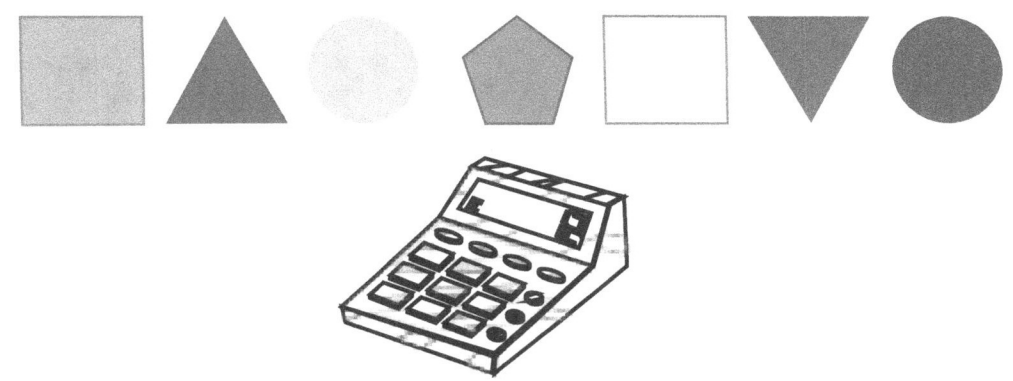

Ce livre apparti   à

O.D. KIDS

- Copyright 2020/2021 ©™ -
Copyright de ce site et de son contenu pour l'impression.
Tous droits réservés. La redistribution ou la reproduction d'une
partie ou de la totalité du contenu sous quelque forme que ce soit est interdi

LIVRE D'APPRENTISSAGE DES MATHÉMATIQUES POUR LES ENFANTS CM1

O.D. KIDS

- Copyright 2020/2021 ©™ -
Copyright de ce site et de son contenu pour l'impression.
droits réservés. La redistribution ou la reproduction d'une
totalité du contenu sous quelque forme que ce soit est interdite.